全植物纯素食
四季疗愈

恩槿 著

中国轻工业出版社

致热爱生活的你

我从未想过可以出一本美食书，直至有一天收到出版社的约稿。虽然我不是专业厨师，但日常却天天与食物打交道。我喜欢选择自然种植的植物性食材，设计食谱，烹饪制作并拍摄记录，然后把它变成滋养身心的一餐，这便是我的日常工作和生活。

也许你会问我，为什么会选择全植物饮食这种饮食方式？这纯属是一种个人意愿，没有身体哪里不舒服等因素，就是认为它很适合。我已经持续多年践行这种饮食方式，从一开始不知道怎么吃，到翻看大量相关书籍，再到学习专业课程，精进厨艺，一切都自然而然。我觉得全植物饮食践行起来也并不是那么难，从开始的些许不安到坦然接受，再到忠实的践行者，进而成为一名全植物饮食推广者，全都源于它给我带来的滋养。全植物饮食是一种对环境友好、对动物友爱、对身心有益的潮流饮食生活方式。在此过程中，我不但可以好好吃饭，还能和美好的事物及有趣的人相遇。全植物饮食不仅是对身体的滋养，更是对心灵的疗愈。

当你读到这本书的时候，你已经进入了全植物饮食的新世界。书中提供的食谱不含奶、蛋、肉及蜂蜜，所有的料理都是由新鲜蔬菜、水果、豆类、谷物、坚果、种子组成的，每一道都是新鲜和健康的，能给人带来身心的愉悦。全植物饮食的原则是尽量多样化摄取，保证营养全面。书中食谱所用食材丰富多样，虽然准备起来有点复杂，但采用了比较简单的烹饪手法来凸显食材的自然风味。我比较推荐用时令且色彩缤纷的蔬果去制作创意植物料理，大家可以尽情根据本地的时令食材自由搭配，变化出各种不同的组合，这也是料理的另一种乐趣吧。至于食材的准备方面，书中介绍了如何建立食材库和食材收纳方法，大部分需要储备的食材都是经常会用到的，有兴趣践行自然会摸索出适合自己的方法。

本书内容是以四季划分章节的。大自然孕育万物，而春夏秋冬四季更替中的食材最为奇妙，不同季节生长出不同的作物，成为盘中餐，滋养着身心。我一直追随着四季的律动，搜寻食材的线索，设计创作全植物料理，在四季食物里寻找到我的"诗与远方"。看似与蔬果打交道是很简单的事，实则有如开启与自然万物的连接，这让我身体轻盈、心境平和。

四季流转，日复一日，年复一年，通过践行全植物饮食，我享受着平静和满足。愿看到这本书的你，也可以感知到这份平静。你真不必为此突然改变多年来的饮食习惯，能偶尔拿起书，给家人和朋友来烹饪一道植物料理，或许在偶然之间，能让你的身心感受到轻盈和放松。世间的饮食生活方式多种多样，我尊重每个人的选择，全植物饮食只是其中的选项之一，如被你选中，是幸事，相信你也会从中受益并感受到它的美好。但愿本书在你随手翻阅时，能增添一丝你对全植物料理的灵感。

恩　槿

目 录

饮食新风潮——全植物饮食介绍…8

建立天然植物食材库…10

日常储存收纳食材的方法…12

快速制作全植碗…14

自制全植物饮食基本食材…16

❀ 春

食事

全植饭团…26

血橙蔬果杯…27

春之蔬

腌小笋…29

春花血橙沙拉…30

小土豆藜麦沙拉…32

芝麻菜豆子沙拉…33

凉拌芦笋…34

芦笋活力沙拉…36

炸春菜…37

枸杞叶蚕豆泥佐面包条…38

春菜饺子…40

烤春卷配生菜葡萄干油醋汁沙拉…42

菠菜全植松饼…44

香椿全麦薄饼…45

槐花全麦饼…46

蚕豆松茸意面…47

春笋葱油荞麦面…48

水芹菜羊肚菌汤面…50

豌豆尖煮鲜米粉…51

鲜豌豆散寿司饭…52

春蔬全植拌饭佐青椒天贝酱…54

香烤抱子甘蓝全植碗…56

☀ 夏

食事

全植酸辣粉丝…62

夏之蔬

生姜薄荷酱汁渍藕尖…65

小扁豆咖喱茄子…66

紫苏叶茄子天贝卷…68

大青椒蔬菜杯…70

玉米藜麦沙拉…72

番茄迷迭香沙拉…74

南瓜叶包藜麦饭…76

玉米蔬食碗…78

茄子土豆三明治…80

双茄红酱辣意面…82

烤四季豆全植螺旋意面…84

毛豆全植意面…86

小扁豆酱汁拌面…88

彩虹松饼…90

羽衣甘蓝卷饼…92

天贝全植碗…94

青豆香菇糙米饭团全植碗…96

开始享受"果蔬盛宴"吧

番石榴牛油果沙拉…100

菠萝芦笋沙拉…102

牛油果小黄瓜沙拉…104

芒果罗勒沙拉…106

杏子沙拉…108

黄桃沙拉…109

夏日果昔能量碗…110

秋

食事

橘子全植奶酪…116

肉桂植物奶茶…116

石榴黑巧克力…117

秋之蔬

鹰嘴豆丸…119

牛油果南瓜花卷…120

香菇酿小扁豆…122

南瓜泥藕夹…123

无花果沙拉佐桂花油醋汁…124

石榴莓果全植沙拉…126

西柚牛油果沙拉…128

豆皮卷佐香菜辣醋酱汁…130

茼蒿泥配炸物…132

秋蔬果散寿司饭…134

桂花柿子饼…136

南瓜全植蛋糕…138

红薯寿司…139

菠菜牛油果意面…140

照烧桃胶全植碗…141

红薯全植碗佐罗勒全植沙拉酱…142

羊栖菜藕片全植碗…144

腰果香菇糙米饭团全植碗…146

椰子油贝贝南瓜全植碗…148

豆腐香菇排全植碗…150

❄ 冬

食事

草莓豆腐时蔬串串…156

红薯小扁豆泥红椒杯…156

冬日时蔬佐鹰嘴豆泥开心果酱…157

冬之蔬

羽衣甘蓝草莓沙拉…159

冬日蔬果热沙拉佐开心果泥…160

冬日时蔬素咖喱…161

胡萝卜小扁豆炖菜…162

烤胡萝卜佐牛油果奶油酱汁…164

心里美萝卜三色藜麦碗…166

烤松仁西蓝薹…168

时蔬什锦泡菜碗…170

红腰豆豆腐排蔬菜碗…172

芋头片佐牛油果泥…174

烤冬笋豌豆素奶油酱通心面…176

鹰嘴豆冬笋意面佐东方红椒酱汁…178

鹰嘴豆全植白酱意面…180

姜黄全植饼…181

菌菇全植饺子佐西蓝花泥…182

圆白菜糙米卷…184

紫玉萝卜天贝牛油果拌饭…186

炸儿菜青豆饭团全植碗…188

冬日植物奶…190

饮食新风潮——全植物饮食介绍

什么是全植物饮食？

全植物饮食只选择新鲜蔬菜、水果、豆类、谷物、坚果、种子，不食用肉、鱼、奶、蛋和蜂蜜，是一种对环境友好、对人身心健康有益、对动物友爱的潮流饮食生活方式。植物食材吸取大自然的能量，具有强大的生命力，丰富的营养成分存在于各类植物的根、茎、叶、果实、种子当中，只要科学、多样化搭配，并尽量采用适度、少加工的烹饪方式，便足够满足人体日常所需。

为什么要选择全植物饮食？

这种饮食生活方式能够令人身心清爽畅快，无不适感产生，既能平衡营养，对动物和环境友好，又无须刻意勉强自己即可做到。

会不会营养不足？

全植物饮食遵循多样化摄取和科学搭配的原则，目前已经有专业书籍和科学研究数据表明，全植物饮食不会导致营养不良。不过需要经过系统学习，了解基本营养学知识、植物食材知识、植物性饮食搭配原则和烹饪技巧，并做好食材库储备，即可循序渐进地实践。千万不要盲目尝试，以免引起身体不适。

如何做到多样化摄取？

多样化摄取就是每日要有水果、蔬菜、豆类、坚果、种子和全谷类（如燕麦、糙米、藜麦等）这些食物的摄入。尽量每天选择多种颜色的蔬菜，坚持每天一小把坚果等，还要额外补充维生素B_{12}、维生素D，另外辅之以适度的运动，步行、日光浴等均是较好的选择。

全植物饮食与家人的饮食习惯如何融合？

受我影响，目前家人属于弹性素食，一周有3～5次进行全植物饮食。日常可以多做几种菜式，一开始可能会觉得有些麻烦，但慢慢会摸索出适合各自的方法。最重要的一点是要尊重家人的饮食习惯，才能做到互相体谅和理解，一家人能每日在一起吃饭，就是美好和幸福。

建立天然植物食材库

全植物饮食遵循多样化的摄取原则，来保证每日身体所需营养。如果你要试做本书中的全植物料理，第一步就是要先建立植物食材库。要有一些耐心，慢慢储备。

如何建立天然植物食材库

- 尽量遵循"选择自然农法种植或有机食材"的选购原则。
- 新鲜食材尽量在本地购买，按当季时令选择。
- 需长期储备的主要是干性食材，可储备一个季度或半年的量。
- 建立干性食材空间，准备密封罐及日期贴。食材购买后，用密封罐装好并注明保质期，存放入专用食材柜，并养成定期整理食材的习惯。
- 建立新鲜香料小花园，比如在阳台种植罗勒、迷迭香、薄荷、食用花卉等，不需要太大的地方。
- 香辛调味料可以增添全植物料理的口感和风味，可以尽可能多样地储备。
- 植物油可储备多种类型的小瓶装，不仅能丰富料理的滋味，还能摄取多样的营养。

食材库常备清单

- 豆类：鹰嘴豆、小扁豆、红腰豆、豌豆、黄豆、黑豆、芸豆等。
- 豆制品：纳豆、天贝、豆皮、豆笋等。
- 坚果：核桃、腰果、杏仁、松子、葵花子等。
- 种子：奇亚籽、亚麻籽、南瓜子、火麻仁籽、藜麦、芝麻等。
- 谷物：糙米、燕麦、小米、荞麦、紫米等。
- 面条和面粉：全麦意面、全麦面粉、荞麦面、鹰嘴豆粉等。
- 干菇：香菇、猴头菇、茶树菇、牛肝菌、羊肚菌等。
- 海藻：昆布、海苔、羊栖菜、海带、紫菜等。

- 植物油：葡萄籽油、牛油果油、亚麻籽油、橄榄油、椰子油、火麻仁油、芥花油、核桃油等。
- 调料：大蒜粉、孜然粉、肉桂粉、辣椒粉、姜黄粉、咖喱粉、营养酵母粉、黑胡椒粉、昆布粉、古法酱油、白醋、香脂醋、昆布酱油等。
- 天然酱料：有机花生酱、有机芝麻酱、味噌、红咖喱酱等。
- 天然甜味剂：椰枣、枫糖浆、龙舌兰糖浆、椰子花糖等。
- 干香草料：欧芹、罗勒、百里香、迷迭香、薄荷、姜黄、肉桂、香茅、丁香、孜然、花椒等。

　　地球上可食用的植物食材丰富多样，以上食材清单中是常备食材，与一年四季时令新鲜蔬果搭配，可变幻出各种各样的植物料理。赶紧把食材库建立起来，将美味的四季蔬食摆上餐桌吧。

日常储存收纳食材的方法

前面提到，建立食材库是制作好全植物料理的第一步。储存好这些食材，也是爱护大自然馈赠给我们的礼物。

日常储存食材，首先要了解食材特性。了解的途径有很多，比如请教种菜的农夫，或买一些关于食材介绍的书籍，打好理论基础，更有助于保存并制作它们。其次，建立属于自家食材的收纳体系。收纳的最佳的方式是做好厨房食材笔记，规划好食材收纳区域。通过一段时间的摸索后，你必定能找到最佳收纳方法。最后，利用一些收纳利器，事半功倍。比如可反复利用的密封袋、腌渍蔬菜的密封罐子、密封盒、便笺贴等。

新鲜蔬菜的储存收纳

夏天，绿叶蔬菜一定要放进冰箱。注意用厨房纸或者其他纸将蔬菜包起来，在纸上喷点水增加湿度，再冷藏。

常温存放的蔬菜有根茎类的洋葱、红薯、土豆、萝卜、甜菜根、蒜等，将它们放入透气的容器中，放至通风、透气的阴凉处。

干性食材的储存收纳

　　干性食材一次储备不要超过半年的量，用密封的玻璃罐子装起来，贴好便笺贴，记录购买日期和保质期，放在通风、透气的阴凉处即可。

快速制作全植碗

本书中分享了许多全植碗食谱，全植碗的全称为全植物料理碗，遵循多样化摄取的原则，它包含多种食材：五谷、蔬菜、坚果、种子、水果、发酵菜等。将丰富多样的食物呈装在一个食器中，营养全面、色彩宜人，食用起来令人赏心悦目，能增添用餐的乐趣。

全植碗搭配法则

综合考虑营养及个性化，可将一餐食物分成四等份搭配。将一个圆形的盘或碗分成四等份：搭配1/4碳水化合物（以谷物杂粮为主）、1/4蛋白质（以豆类、豆腐、天贝、种子为主）、1/4当地时令蔬菜和1/4当季水果。发酵菜也会经常出现在全植碗中。

建议每日选择的食材有所变化，并可根据蔬果的不同颜色来搭配，还可搭配植物奶或蔬果昔来提供全面的营养。

全植碗制作小诀窍

主食

五谷粗粮比精白米营养密度更高，在全植碗中，主食一般是以糙米、藜麦、三色米等谷类和种子类食材为主。如果每天很忙，没有时间煮饭，可以一次煮一周的量，用密封盒分装后冷冻保存，吃前加热解冻。并且可以多煮几种谷类食材，分开保存，用餐前把几种谷物搭配起来，多样化的主食就完成了。

豆类

豆类食材要浸泡和煮软，花费的时间比较多。建议每周固定时间来处理豆子，煮好一周的量，分餐分装，密封保存并标好日期。烹饪前解冻，如果不加调料，可以和主食一起加热。

蔬果

用于烤菜或者炒饭的蔬菜可根据使用量来分装保存，一袋是一餐的量。烹饪前拿一袋即可。

用于制作蔬果昔的食材可根据一餐一杯的量来分装储存，食材不能反复冷冻，会损失口感和营养。食用前拿一餐的量来制作即可。

植物奶食材

做植物奶的生坚果和豆类都需要提前浸泡，所以不妨一次浸泡一周的量，用一餐一杯的量来分装储存。每次制作前无须浸泡，加入其他食材放入破壁机中。

新鲜香料

常用新鲜调味料，像蒜、辣椒、葱、姜等，先切碎，放入制冰盒，冷冻成小块，再用收纳袋装起来，使用时也很方便。

干菇、海藻

这些食材需要泡发，可以泡软并煮熟后放入合适的容器分装冷冻起来。

发酵菜

可以将做好的发酵菜分装在小食盒里，每次取一餐的量使用。

酱汁

可以提前制作出一周或半个月的量，分装放入冰箱冷冻即可。

自制全植物饮食基本食材

前面介绍了全植碗快速制作的小诀窍，对于坚定的全植物饮食践行者来说，这是享受全面营养和美味的前提，而且慢慢会成为一种习惯。接下来分享一些自制基本食材，这会让你烹饪全植物料理时更加事半功倍。

全植高汤

高汤可增加全植物料理的口感层次，是提鲜的秘诀之一。常用的食材有菇类、海藻和蔬菜等。

菌菇高汤

食材

- 新鲜菇类 50g - 干香菇 10g - 水 1000mL

做法

将新鲜菇类洗净，干香菇提前浸泡一晚，以中火熬煮20分钟左右，滤去菇类，留下汤汁。

🧂小贴士

如气温较高，可放入冰箱冷藏浸泡。

海带高汤

食材

- 干海带 15g - 水 1000mL

做法

将干海带洗净，放入清水中浸泡一晚，以中火熬煮20分钟左右，滤去海带，留下汤汁。

蔬菜高汤

食材

- 小番茄片 20g - 胡萝卜片 20g
- 洋葱片 20g - 姜 1 片 - 水 1000mL

做法

将蔬菜放入水中，以中火熬煮20分钟左右，滤去蔬菜渣，留下汤汁。

常备酱料

基础油醋汁

食材

- 橄榄油 30mL
- 香脂醋 5mL
- 枫糖浆 15mL
- 黑胡椒少许

做法

将所有食材放入小碗中，搅拌均匀即可。

全植沙拉酱

食材

- 椰奶 50mL
- 橄榄油 15mL
- 苹果醋 5mL
- 芥末籽酱 5g
- 枫糖浆 15mL
- 盐 1g

做法

将所有食材倒入搅拌碗中，用电动打蛋器搅打至乳化均匀即可。

全植豆腐沙拉酱

食材

- 老豆腐 100g
- 植物油 15mL
- 醋 5mL
- 芥末籽酱 5g
- 枫糖浆 15mL

做法

将所有食材用料理机或料理棒搅拌均匀。

🧂 小贴士

豆腐尽量买水分较少的板豆腐或老豆腐。可以冷藏保存3天。

全植奶酪

食材

- 生腰果 50g
- 植物奶 30mL
- 柠檬汁 5mL
- 蒜 10g
- 营养酵母粉 5g
- 盐 1g
- 胡椒少许

做法

将生腰果用热水浸泡30分钟，沥干后与其他食材一起放入料理机，打成黏稠状，放入密封玻璃罐冷藏。

🧂 小贴士

腰果浸泡后口感更软。提前一天浸泡更好，如果气温较高，要放入冰箱冷藏。如果做得比较多，可分装后冷冻保存。

全植白酱

食材

- 鹰嘴豆 50g
- 口蘑 20g
- 植物奶 60mL
- 营养酵母粉 5g
- 橄榄油 15mL

做法

1. 将鹰嘴豆提前1小时用沸水浸泡，洗净后用高压锅煮熟。口蘑洗净、煮熟。
2. 平底锅放橄榄油，加入口蘑、鹰嘴豆和植物奶，边加热边搅拌，直至液体微微冒泡。
3. 将所有食材用料理机打成酱。

🧂 小贴士

鹰嘴豆也可以用生腰果代替。

全植红酱

食材

- 番茄 200g
- 大红椒 100g
- 紫洋葱 50g
- 罗勒 10g
- 营养酵母粉 5g
- 橄榄油 15mL
- 盐 1g

做法

1. 番茄、大红椒、紫洋葱洗净后切丁。
2. 平底锅中放橄榄油,把切好的番茄、大红椒、紫洋葱炒熟。
3. 加入罗勒、营养酵母粉、盐,用料理机打成酱。

小贴士

可以加辣椒粉,增加辣味。

全植青酱

食材

- 羽衣甘蓝 50g
- 罗勒 10g
- 营养酵母粉 5g
- 植物奶 30mL
- 盐 1g
- 橄榄油 15mL
- 松仁 5g

做法

羽衣甘蓝洗净后沥干,松仁用烤箱烤熟。将所有食材用料理棒打成酱。

小贴士

羽衣甘蓝可以换成毛豆、茼蒿等绿色蔬菜。

全植奶酪粉

食材

- 生腰果 50g
- 营养酵母粉 5g
- 盐 1g

做法

1. 将生腰果放入平底锅,用中小火烤5~10分钟,烤出香味。
2. 将烤熟的腰果与营养酵母粉、盐放入料理机里打成粉末,用可密封玻璃罐储存。冷藏可保存1个月。

发酵菜

食材

- 黄瓜、紫甘蓝、小萝卜各100g • 盐 6g
- 花椒9粒 • 蒜 3 瓣 • 椰子花糖 3g

做法

1. 黄瓜洗净后切段，紫甘蓝撕成片，小萝卜切成片。分别加少许盐，戴手套揉搓，让蔬菜软化，再加盐、花椒、蒜、椰子花糖，盖上棉布静置1小时。
2. 将腌渍好的蔬菜分别装入玻璃罐，加入腌渍出的汁液，注意装八分满，以免发酵期汁液溢出。
3. 密封好，可以加一层纱布再盖盖子，保证密封效果。放阴凉处发酵约7天，也可以根据口感延长发酵时间。

🧂 小贴士

1. 玻璃罐事先放入蒸锅中消毒，保证所有工具都是干净的。
2. 装瓶后第一天观察一下，保证蔬菜全部浸泡在汁液中。
3. 发酵24小时后可以将纱布拿掉，释放出一些气体。
4. 四季的蔬果都可放入泡菜罐子制作发酵菜。

椰子油煎天贝

食材

- 鲁特天贝 50g • 椰子油 15mL • 古法酱油 15mL

做法

1. 鲁特天贝切片，加入古法酱油，放碗中腌渍15分钟。
2. 平底锅刷一层椰子油，放入天贝，中火加热10分钟，煎至两面焦脆。

🧂 小贴士

1. 天贝的原料为黄豆、鹰嘴豆、红豆、黑豆等，加入益生菌后自然发酵而成，富含蛋白质和钙。发酵成熟的天贝更容易被人体消化吸收，是践行全植物饮食时保证蛋白质供给的常备食材。
2. 直接吃、夹入三明治、搭配沙拉和任何主食都可以。

食 事

春日里赴一场
樱花树下之约
做了简单的食物
全植饭团和蔬果杯
空气中有花草的香气
和轻柔的风
尽是春日的气息
和大自然的味道

全植饭团

草莓酱饭团

食材

- 草莓 5 颗
- 椰子花糖 10g
- 三色糙米 50g
- 白芝麻 10g
- 海苔片适量
- 樱花适量

做法

1. 草莓切丁，加入椰子花糖，放入小汤锅中腌渍半天。
2. 用小火熬煮，不断搅拌，以免粘住锅底，待果酱黏稠后再煮5分钟即可。放凉。
3. 将三色糙米用电饭锅煮熟，与草莓酱、白芝麻搅拌均匀，捏成圆形饭团。
4. 用海苔片把饭团包起来，用樱花点缀。

天贝饭团

食材

- 鲁特天贝 50g
- 三色糙米 50g
- 枫糖浆 15mL
- 醋 15mL
- 海盐 5g
- 海苔片适量

做法

1. 鲁特天贝切小粒，用椰子油中火煎至焦脆。
2. 将三色糙米放入电饭锅煮熟。
3. 将天贝粒放入煮好的糙米饭中，加入枫糖浆、醋、海盐，搅拌均匀。
4. 捏成圆形饭团，用海苔片把饭团包起来。

原味饭团

食材

- 三色糙米 50g
- 拌饭海苔 10g
- 古法黑豆豉酱油 15mL
- 香油 10mL
- 海苔片适量

做法

1. 将三色糙米放入电饭锅中煮熟。
2. 在三色糙米饭中加入拌饭海苔、黑豆豉酱油和香油,搅拌均匀。
3. 捏成圆形饭团,用海苔片包起来。

🧂 小贴士

1. 粗粮饭的黏性不够,一定要浸泡后再煮,最好用高压锅。
2. 捏饭团的小诀窍:在掌心先铺上一小块保鲜膜,放上食材,裹上保鲜膜,把饭团揉搓成圆形。

血橙蔬果杯

食材

- 血橙 2 个
- 鹰嘴豆 20g
- 羽衣甘蓝 20g
- 青提 2 颗
- 基础油醋汁(见 P18)10mL

做法

1. 血橙去皮,切2个圆片,其余血橙切成块。
2. 鹰嘴豆浸泡后煮熟。羽衣甘蓝和青提洗净后沥干。
3. 将所有食材装入玻璃瓶中,倒入基础油醋汁。放冰箱冷藏后更好吃。

春之蔬

腌小笋

食材

- 小笋 100g
- 水 200mL
- 白醋 30mL
- 枫糖浆 30mL
- 盐 1g
- 花椒 1g
- 迷迭香 1g

做法

1. 小笋去壳，留下最嫩的部分，洗净。
2. 将小笋放入开水中焯15～20分钟，捞出来过一遍凉水，沥干。
3. 在锅中放水、白醋、枫糖浆、盐，煮开、调匀。
4. 把小笋、花椒、迷迭香放入玻璃罐中，倒入煮好的腌菜汁，盖上盖子，放入冰箱，两三天后即可食用。

小贴士

香料的选择多种多样，花椒和迷迭香可替换成其他喜欢的香料。

春日去爬山
带着一些小期待
小野笋开始俏皮地探出头来
这是山野里最纯粹、最自然的美味

春花血橙沙拉

食材

A

- 植物奶 180mL
- 坚果 75g
- 柠檬汁 5mL
- 柠檬皮 1 个的量
- 枫糖浆 15mL
- 盐、胡椒各少许

B

- 血橙 1 个
- 牛油果 1/4 个
- 熟鹰嘴豆 10g
- 三色糙米饭 20g
- 羽衣甘蓝 30g
- 奇亚籽少许
- 三色堇 4~5 朵

做法

1. 将食材A放入料理机中搅打均匀，制成坚果沙拉酱。
2. 将食材B中的血橙去皮、切圆片；羽衣甘蓝洗净后滤水，撕成小片，轻轻揉捏，使之更柔软。牛油果切片。与熟鹰嘴豆、三色糙米饭一起摆盘。
3. 撒奇亚籽，淋上坚果沙拉酱。用三色堇装饰。

春日阳光可人
花儿竞相开放
以花入菜的蔬食美学
增添美感与味觉层次

小土豆藜麦沙拉

食材

- 小土豆 150g
- 植物油 15mL
- 蚕豆米 20g
- 三色藜麦 5g
- 薄荷叶 5g
- 基础油醋汁（见 P18）30mL

做法

1. 小土豆洗净，切小块，刷上一层油，放入烤箱，180℃烤15分钟。

2. 蚕豆米洗净后放入沸水中煮10~15分钟。

3. 三色藜麦洗净后放入电饭锅煮熟。

4. 薄荷叶洗净，沥干。

5. 把所有处理好的食材摆盘，淋上基础油醋汁。

芝麻菜豆子沙拉

食材

- 芝麻菜 30g
- 牛油果 1/2 个
- 红芸豆 10g
- 白芸豆 10g
- 南瓜子 5g
- 全麦吐司 1 片
- 火麻仁籽少许
- 基础油醋汁（见 P18）30mL

做法

1. 芝麻菜洗净，控水；牛油果切片。
2. 红芸豆和白芸豆洗净，放入电饭锅中煮熟。
3. 全麦吐司放入烤箱略烤几分钟，切成块。
4. 将所有食材组合摆盘，淋上基础油醋汁。

凉拌芦笋

食材

A

- 芦笋 150g
- 糙米醋 10mL
- 核桃油 10mL

- 海盐 1g
- 盐 1 小勺

B

- 鲁特天贝 50g
- 鲜豌豆 20g
- 羽衣甘蓝 10g

- 血橙 1 片
- 植物油 10mL
- 古法酱油 10mL

做法

1. 将食材A中的芦笋洗净，去掉根部。沸水中加1小勺盐，放入芦笋焯1分钟。

2. 捞出芦笋，放入冷水中浸1分钟，捞出后放入盘中。

3. 在小碗里混合糙米醋、核桃油和海盐，淋在芦笋上。

4. 将食材B中的羽衣甘蓝洗净后沥干，揉搓一下会更柔软。

5. 鲁特天贝切成粒，鲜豌豆洗净。平底锅中放油，放入天贝粒和鲜豌豆炒熟，加古法酱油。

6. 把处理好的所有食材B与芦笋组合。

小贴士

凉拌芦笋足够好吃，为何要增加其他组合食材？天贝和鲜豌豆可增加植物蛋白，羽衣甘蓝还可以补充钙质。植物饮食尽量多样化，营养更全面。

去野外
寻觅人间至鲜的食材
第一次看到长在地里的芦笋
小尖芽俏皮地冒出地面
最是可爱
春季是芦笋最鲜嫩、最好吃的时节
正当食

芦笋活力沙拉

食材

A
- 十谷米 10g
- 芦笋 40g
- 草莓 1 颗
- 苦菊 10g
- 奇亚籽少许
- 桑葚 5 ~ 6 颗
- 小红萝卜 10g

B
- 橄榄油 15mL
- 百香果 1 个
- 枫糖浆 15mL
- 黑胡椒少许

做法

1. 将食材A中的十谷米提前1小时浸泡，泡好后放入电饭锅中煮熟。
2. 芦笋选最嫩的部分，切一样长短的段，焯水。
3. 草莓、苦菊、桑葚洗净后沥干。小红萝卜洗净后切成薄片。将上述食材组合装盘。
4. 将食材B拌匀，调成酱汁淋在沙拉上，撒奇亚籽。

炸春菜

食材

A
- 蕨菜 30g
- 荠菜 30g
- 牡丹花 30g
- 芦笋 30g
- 全麦粉 50g
- 水 100mL
- 盐、孜然粉各 1g
- 植物油 200mL

B
- 香菜 30g
- 蒜 1 瓣
- 盐 1g
- 水 15mL
- 柠檬汁 5mL
- 橄榄油 5mL

C
- 全植豆腐沙拉酱
  （见 P18）30g

做法

1. 将食材A中的全麦粉、水、盐、孜然粉混合成黏稠的面糊。
2. 蕨菜、荠菜、芦笋、牡丹花洗净，沥干，裹上面糊。锅中放植物油烧热，放入蔬菜小火油炸。
3. 将食材B放进搅拌机打成酱汁。
4. 炸蔬菜摆盘，搭配酱汁和全植豆腐沙拉酱。

枸杞叶蚕豆泥佐面包条

食材

- 枸杞叶 30g
- 蚕豆米 200g
- 盐 1g
- 橄榄油 50mL
- 蓝莓 6 ~ 7 颗
- 纯素全麦吐司 1 片

做法

1. 将蚕豆米剪开，放入水中，小火煮10 ~ 15分钟，煮熟后去皮。
2. 枸杞叶洗净，放入沸水中焯熟，1分钟即可。
3. 将蚕豆米、枸杞叶、盐和橄榄油放入料理机中打成泥。
4. 纯素全麦吐司切成长条，放烤箱或用平底锅烤干。
5. 蓝莓洗净，沥干。
6. 将所有食材装盘。

清明踏青
去乡间采野生枸杞叶
春蚕豆也进入收获的巅峰期
做好吃的蚕豆泥
抓住春天的尾巴
尝新鲜美味

春菜饺子

香椿豆腐馅饺子

食材

- 饺子皮 10 张
- 新鲜香椿 40g
- 老豆腐 1/4 块
- 香油 10mL
- 有机酱油 10mL
- 昆布粉 1g
- 盐 1g

藜蒿香菇豆腐馅饺子

食材

- 饺子皮 15 张
- 新鲜藜蒿 50g
- 鲜香菇 3 朵
- 老豆腐 1/4 块
- 核桃油 10mL
- 有机酱油 10mL
- 昆布粉 1g
- 盐 1g

油菜薹杏仁馅饺子

食材

- 饺子皮 10 张
- 新鲜油菜薹 50g
- 杏仁粉 15g
- 火麻仁油 10mL
- 有机酱油 10mL
- 昆布粉 1g
- 盐 1g

做法

1. 制作香椿豆腐馅饺子。香椿洗净，沥干后切碎；老豆腐用纱布沥干后用勺子压碎，将香椿、老豆腐和其他调味料搅拌均匀。用饺子皮包成元宝形。
2. 制作藜蒿香菇豆腐馅饺子。藜蒿洗净后切碎，鲜香菇切碎后炒熟，老豆腐用纱布沥干后用勺子压碎，将上述食材与其他调味料搅拌均匀。用饺子皮包成元宝形。
3. 制作油菜薹杏仁馅饺子。油菜薹去梗，留叶子和花，洗净后切碎。杏仁粉可买成品，也可以用干果自己磨成粉。将上述食材与其他调味料搅拌均匀。用饺子皮包成元宝形。
4. 饺子包好后下锅煮熟，加入喜欢的酱料调味。

烤春卷配生菜葡萄干油醋汁沙拉

食材（12个）

A

- 豆皮 50g
- 香菇 2 个
- 黄豆芽 50g
- 鲜豌豆 20g
- 泡发木耳 50g
- 水芹 20g
- 植物油 15mL
- 盐 1g
- 古法酱油 5mL
- 春卷皮 12 张

B

- 结球生菜 50g
- 葡萄干 10g
- 基础油醋汁（见 P18）15ml

C

- 牛油果 100g
- 西梅 2 颗
- 核桃仁 2 个
- 火麻仁籽少许
- 奇亚籽少许

做法

1. 用食材A制作春卷馅。将豆皮、香菇、黄豆芽、鲜豌豆、泡发木耳、水芹洗净后切碎。

2. 炒锅中放植物油，将切碎的蔬菜放入锅中，加盐和古法酱油，把春卷馅炒熟。

3. 用春卷皮将春卷馅卷起来，放入烤盘，在表面刷层油。放入烤箱，上下火200℃烤15~20分钟。

4. 用食材B制作生菜葡萄干油醋汁沙拉。结球生菜撕成块，加入葡萄干和基础油醋汁。

5. 牛油果切成片，西梅洗净。

6. 将春卷对半切开，与其他食材组合装盘。

🧂小贴士

春卷的烤制时间视各自烤箱情况而定。如果没有烤箱，可以用平底锅来煎春卷。

菠菜全植松饼

食材

- 新鲜菠菜 100g
- 椰奶 200mL
- 低筋面粉 100g
- 泡打粉 1g
- 香草液 1mL
- 甜菜糖 10g
- 芦笋 100g
- 油桃 30g
- 植物油适量
- 海盐 1g
- 全植豆腐沙拉酱
  （见 P18）30g

做法

1. 菠菜摘取叶子部分，洗净后用沙拉甩干器将多余水去除。
2. 将菠菜叶、椰奶放入料理机打成菠菜汁。
3. 将低筋面粉、泡打粉、香草液、甜菜糖放入碗中混合，搅拌均匀。加入菠菜汁，搅拌成糊。
4. 平底锅刷一层油，小火将面糊煎成大小一致的圆形松饼。
5. 芦笋洗净，切成10cm长的段。油桃切块。
6. 平底锅中放油，将芦笋和油桃煎熟，芦笋部分撒些海盐，也可以不放。
7. 把食材组合装盘，搭配全植豆腐沙拉酱。

🧂 小贴士

1. 尽量挑选嫩的、天然种植的有机菠菜。
2. 想要松饼更绿，可以多加一些菠菜叶，椰奶也需要同比例增加一些。
3. 松饼要想煎成同样大小，可以用不锈钢汤勺盛出面糊后入锅，固定面糊的量。
4. 食材可以替换成自己喜欢的水果和蔬菜。

香椿全麦薄饼

食材

A

- 香椿 50g
- 全麦粉 100g
- 白芝麻 5g

- 芦笋 10g
- 植物油 15mL
- 枫糖浆 15mL

- 水 150mL

B

- 花生酱 5g
- 全植奶酪（见 P19）15g

做法

1. 香椿用沸水焯一下，滤水后切碎备用。
2. 大碗中倒入全麦粉、香椿、白芝麻，枫糖浆和水，拌匀成面糊。
3. 平底锅刷少许植物油，用小勺盛出面糊放入锅中，煎成大小均匀的小圆饼，注意全程都是小火。将小圆饼叠起来。
4. 把芦笋放入平底锅，小火煎熟后放在小圆饼上。
5. 将食材B搅拌均匀，淋在饼上即可。

槐花全麦饼

食材

- 全麦粉 100g
- 枫糖浆 10mL
- 椰奶 120mL
- 橄榄油 30mL
- 新鲜槐花 20g
- 盐少许
- 香草液 1 滴

做法

1. 在大碗里加入全麦粉、盐和枫糖浆，稍微搅拌后加入椰奶、香草液。
2. 槐花用清水浸泡一下，加入到面糊中。
3. 不粘锅放油加热，用汤勺盛出面糊，放入锅中，煎出大小差不多的饼。

小贴士

可食用的花卉有很多，如茉莉、玫瑰、樱花和三色堇等，可代替槐花。

在槐花飘香的季节
品一道以鲜花入馔的春日美食

蚕豆松茸意面

食材

A

- 蚕豆米 30g
- 羽衣甘蓝 30g
- 罗勒 10g
- 营养酵母粉 5g
- 盐 1g
- 橄榄油 15mL

B

- 蚕豆米 5g
- 松茸 1 朵
- 植物油 10mL
- 松仁 5g
- 全麦意面 50g

做法

1. 羽衣甘蓝洗净，沥干；蚕豆米煮熟、去皮。把食材A的所有材料放入料理机中打成全植蚕豆酱汁。

2. 食材B中的蚕豆米煮熟、去皮；松茸洗净，切成薄片，在平底锅中放油，将松茸煎熟。

3. 在沸水中加入全面意面煮熟，约10分钟。平底锅中加入少许油，加松仁爆香，加入意面和全植蚕豆酱汁，如果太干可以加点高汤或清水，搅拌均匀。

4. 将所有食材装盘即可。

从冬到春
食材的巧妙变化
提醒着我们
自然万物的悄然生长

春笋葱油荞麦面

食材

- 春笋 50g
- 鹰嘴豆 10g
- 海苔 5g
- 椰子油 15mL
- 古法酱油 10mL
- 芝麻少许
- 羽衣甘蓝少许
- 荞麦面 20g
- 葱油 5mL
- 糙米醋 5mL
- 盐 1g

做法

1. 春笋去壳、切片，用热水焯一下，去除涩味。将焯好的春笋放入平底锅中，用椰子油煎至两面焦黄。
2. 鹰嘴豆提前4小时浸泡，放入电饭锅中煮熟，然后放入烤盘中烤至焦脆。
3. 将荞麦面放入沸水中煮8～10分钟，将葱油、糙米醋、盐拌匀，拌入煮好的荞麦面中。
4. 将荞麦面装盘，放入其他所有食材即可。

水芹菜羊肚菌汤面

食材

- 糙米面 70g
- 菌菇高汤（见 P17）300mL
- 蒜 1 瓣
- 姜 1 片
- 有机酱油 10mL

- 水芹菜 50g
- 酱香干 100g
- 葡萄籽油 10mL
- 羊肚菌 1 个
- 海苔丝 5g

做法

1. 将糙米面放入沸水中煮熟备用。菌菇高汤烧开，加入羊肚菌、蒜、姜、有机酱油。
2. 将水芹菜切成小段，放入沸水中焯1分钟。
3. 平底锅中倒入葡萄籽油，加入切成丝的酱香干，翻炒熟。
4. 将煮熟的糙米面装盘并放入配菜，倒入高汤。

豌豆尖煮鲜米粉

食材

- 鲜米粉 50g
- 豌豆尖 50g
- 豆腐块 50g
- 蔬菜高汤（见 P17）250mL
- 味噌适量
- 陈醋 5mL
- 芝麻酱 5g
- 盐少许
- 辣椒油少许
- 芝麻适量
- 核桃仁少许

做法

1. 豌豆尖焯熟，鲜米粉放入沸水中煮熟。
2. 蔬菜高汤煮沸后加入味噌、盐和芝麻酱，再次沸腾后加入豆腐块稍煮。
3. 把米粉和豌豆尖加入汤汁中。
4. 根据个人口味搭配陈醋、辣椒油、芝麻和核桃仁。

《诗经》中记载：采薇采薇，薇亦作止……
薇，即野豌豆尖
古人餐桌上的美味
将鲜嫩的野豌豆尖采回家
品尝春日时节的滋味

鲜豌豆散寿司饭

食材

- 鲜豌豆 30g
- 羊栖菜 3g
- 新鲜猴头菇 1 个
- 椰子油 10mL
- 三色糙米 25g

- 寿司醋 10mL
- 核桃油 10mL
- 古法酱油 5mL
- 芹菜叶少许
- 盐少许

做法

1. 鲜豌豆放入沸水中焯熟。
2. 平底锅刷层椰子油，将猴头菇切片后煎熟。羊栖菜加有机
   酱油炒熟。
3. 三色糙米放入电饭锅煮熟。
4. 将核桃油、寿司醋、古法酱油、盐调匀。
5. 将所有食材拌在一起，加入搅拌好的调料。

春蔬全植拌饭佐青椒天贝酱

食材

A

- 糙米 50g
- 红腰豆 25g
- 白芸豆 15g
- 芥蓝梗 20g

- 豆芽 30g
- 小土豆 2 个
- 腌小笋 20g
- 植物油 15mL

- 盐少许
- 孜然粉 1g
- 辣椒油少许

B

- 青椒 150g
- 植物油 30mL
- 鲁特天贝 50g

- 姜末 3g
- 蒜末 3g
- 陈醋 5mL

- 昆布酱油 15mL
- 盐 1g

做法

1. 糙米浸泡1小时，放入电饭锅煮熟。

2. 红腰豆和白芸豆放入电饭锅，加清水煮熟，约1小时。

3. 芥蓝梗洗净后切小段，放入平底锅，加点油，放少许盐炒熟。

4. 豆芽焯熟，加辣椒油拌匀。

5. 小土豆不用去皮，切块，加一点油、孜然粉、盐拌匀，放入烤箱，200℃烤10分钟。

6. 用食材B制作青椒天贝酱。青椒洗净后切碎，鲁特天贝切碎。

7. 锅里放油，加入青椒、天贝及所有调料，炒熟后放凉。

8. 食材A摆盘，搭配青椒天贝酱即可。

🧂 小贴士

1. 红腰豆和白芸豆可以多煮一些，吃不完可以用密封罐保存，标好日期，放冰箱冷冻，可保存15天左右，吃前加热。

2. 红腰豆放电饭锅慢煮，不容易破皮。

3. 没有烤箱，也可用平底锅将小土豆煎烤熟。

4. 青椒天贝酱可放入密封罐，冷藏可保存一周。

谷雨节气
离夏季已不远
山川草木盛
万物渐丰盈
期待更丰富的食材

香烤抱子甘蓝全植碗

食材

- 抱子甘蓝 100g
- 椰子油 15mL
- 昆布酱油 15mL
- 盐 1g
- 糙米 50g
- 腰果 6 颗
- 紫甘蓝发酵菜（见 P21）20g
- 海苔少许
- 杏仁少许

做法

1. 平底锅放椰子油，加入切成两半的抱子甘蓝煎熟，出锅前加入昆布酱油和盐。
2. 糙米放入电饭锅煮熟。腰果放入加热过的平底锅烤香。
3. 将所有食材组合装盘。

收到一小箱友人赠送的食材
一种很"萌"的蔬菜
小小的很可爱
却有着大大的能量

食　事

夏日的森林里
有漫山遍野的蓝色绣球花
做了凉爽的全植酸辣粉丝
我们在绿荫下
发呆、听音乐、拍照
感知夏日带来的无尽浪漫

全植酸辣粉丝

食材

- 绿豆粉丝 10g
- 黄瓜 10g
- 紫甘蓝 5g
- 豆皮 10g
- 黄椒 5g
- 辣椒粉少许
- 白醋 5mL
- 橄榄油 15mL
- 枫糖浆 5mL

做法

1. 绿豆粉丝用冷水浸泡，放入沸水中煮2分钟，煮熟后沥干，用凉水冲一下，加少许橄榄油拌匀，防粘黏。
2. 豆皮切丝，放入沸水中焯1分钟。黄瓜、紫甘蓝、黄椒洗净后切丝。
3. 将橄榄油、白醋、枫糖浆、辣椒粉放入小碗调匀。
4. 将处理好的食材放入玻璃罐中，加入调匀的酱汁。

夏之蔬

生姜薄荷
酱汁渍藕尖

食材

- 藕尖 200g
- 薄荷 5g
- 生姜油 30mL
- 紫甘蓝 10g
- 香脂醋 15mL
- 酱油 15mL
- 辣椒粉 5g
- 盐 1g
- 松仁少许

做法

1. 将藕尖表面清洗干净，放入沸水中焯熟，沥干。
2. 紫甘蓝切碎，将紫甘蓝、生姜油、香脂醋、酱油、辣椒粉、盐放在碗里搅拌均匀。
3. 将藕尖摆入盘中，淋上酱汁，撒松仁和薄荷。腌渍一两个小时后食用，口感最佳。

逛市场
时令菜藕尖悄然上市
我喜欢它脆嫩的口感
搭配生姜薄荷酱汁
便是初夏的第一口鲜甜

小扁豆咖喱茄子

食材

- 小扁豆 50g
- 洋葱碎 10g
- 土豆丁 30g
- 素咖喱块 1 小块
- 茄子 100g
- 植物油适量
- 豆丸子 4 颗

做法

1. 锅里放少许油，放入洋葱碎爆香，加清水烧开，加入小扁豆、土豆丁煮20分钟，再加入素咖喱块煮5分钟左右。
2. 茄子切5cm长的条，平底锅中放少许油，将茄子煎熟，同时也把豆丸子煎熟。
3. 将所有食材组合装盘。

🧂小贴士

小扁豆是全植物饮食中补充植物蛋白的超级食材。

从家乡小菜园寄来的小茄子
是童年熟悉的味道
这道料理分两部分处理
植物蛋白与茄子搭配
融合得非常默契

紫苏叶茄子天贝卷

食材

A

- 新鲜绿紫苏叶 10 片
- 茄子 350g
- 鲁特天贝 60g
- 孜然辣椒粉 7g
- 有机酱油 15mL
- 椰子油 10mL

B

- 花生酱 5g
- 全植奶酪（见 P19）30g

做法

1. 将新鲜绿紫苏叶洗净、沥干。
2. 茄子切成条，加孜然辣椒粉、有机酱油腌渍后放入平底锅（或烤盘），双面煎熟。
3. 鲁特天贝切成条，用椰子油煎至两面焦黄。
4. 用茄子将天贝卷起来，再将紫苏叶包裹在最外面。
5. 将食材B搅匀，搭配食用。

小贴士

1. 天贝原产于印度尼西亚，是一种全豆发酵豆制品，至今已有400年历史。它主要由豆类和水构成，含有多种营养元素和丰富的膳食纤维，口感软滑美味且饱腹感强。
2. 天贝易于烹饪，无论煎炒炸煮，都能制作出令人喜爱的菜品。

天微热
买到鲜嫩的紫苏叶
是我喜欢的味道
紫苏叶裹着刚烤出来的食
一口一只
感知食物的滋养

大青椒蔬菜杯

食材

A

- 大青椒 1 个
- 茄子 100g
- 小番茄 10~12 个
- 古法酱油 10mL
- 盐少许
- 植物油 15mL
- 熟松仁适量

B

- 土豆 20g
- 全植奶酪（见 P19）15g
- 营养酵母粉 5g
- 植物奶少许
- 橄榄油少许

做法

1. 大青椒洗净，对半切开，去籽。茄子片成薄片。

2. 将古法酱油、盐、植物油放小碗中调匀，用刷子把酱汁刷在青椒、茄子上，把青椒、小番茄、茄子放入烤箱，180℃烤10分钟。

3. 用食材B制作馅料。土豆放入蒸锅蒸熟，压成泥。将土豆泥、全植奶酪、营养酵母粉、植物奶、橄榄油放小碗中搅拌均匀。

4. 把调好的馅料装入烤好的青椒中，撒上松仁；将茄子卷起来，用竹扦固定，与烤好的小番茄一起摆盘。

🧂小贴士

大青椒可生食。

旅行时偶遇小菜店
灯笼似的大青椒堆成小山
南方少见
挑选一些放入行李箱
带回来做料理

玉米藜麦沙拉

食材

A

- 鲜玉米 1 个
- 羽衣甘蓝 10g
- 西葫芦 10g
- 小扁豆 15g
- 三色藜麦 15g

B

- 番茄 30g
- 芒果汁 50mL
- 罗勒 10g

做法

1. 将鲜玉米上的玉米粒剥下来，西葫芦切丁，与玉米粒一起放入平底锅烤熟，约10分钟。
2. 羽衣甘蓝洗净后沥干，揉搓使其变软。
3. 将上述三种食材搅拌均匀。
4. 三色藜麦洗净后放入电饭锅煮熟。
5. 小扁豆洗净后放入蒸锅或汤锅，加水煮熟，约煮20分钟。
6. 将食材B中的番茄洗净，切丁；罗勒洗净后沥干，切碎，一起装入密封玻璃罐，倒入芒果汁，放冰箱冷藏两三个小时，做成酱料。
7. 将食材A组合装盘，加入番茄酱料。

🧂小贴士

这款沙拉也可以包在生菜叶里食用。

夏日的玉米
鲜又嫩
口感甜又糯
在它最好吃的季节
享受植物带来的馈赠

番茄迷迭香沙拉

食材

- 红色小番茄 10~12 个
- 黄色小番茄 6~8 个
- 杏 3 个
- 橄榄油 15mL
- 新鲜迷迭香 5g
- 龙舌兰糖浆 10mL
- 胡椒粉少许

做法

1. 把小番茄和杏洗净，沥干，对半切开。
2. 装盘后淋上橄榄油、龙舌兰糖浆，撒些新鲜迷迭香和胡椒粉。

小贴士

放冰箱冷藏半小时后再吃，更适合炎炎夏日。

小菜园里种了不同品种的番茄
到了夏日
便成了一道风景线

南瓜叶包藜麦饭

食材

- 三色藜麦 100g
- 寿司醋 15mL
- 古法酱油 10mL
- 南瓜叶 8 片
- 腐乳适量
- 鲁特天贝 20g

做法

1. 南瓜叶洗净后放沸水中焯熟。
2. 三色藜麦洗净后用电饭锅煮熟，然后加入古法酱油和寿司醋拌匀。
3. 鲁特天贝切成粒，平底锅加少许油，将天贝粒煎焦脆。
4. 南瓜叶铺平，放藜麦饭、腐乳、天贝粒，包裹起来。

小贴士

还可以包入自己喜欢的其他主食。

友人送来南瓜尖
南瓜尖用来凉拌
南瓜叶用来包藜麦饭
初夏清爽的食物
一口一只的快乐

玉米蔬食碗

食材

- 玉米 1 个
- 植物奶 100mL
- 小扁豆 10g
- 三色藜麦 10g
- 小番茄 12 个
- 植物油 10mL
- 熟玉米 2 小块
- 盐少许
- 罗勒叶少许

做法

1. 玉米洗净，用刀切下玉米粒，和植物奶一起放入搅拌机中搅成泥。
2. 将打好的玉米泥倒入平底锅中焖煮2分钟，装入盘中。
3. 将小扁豆和三色藜麦放入水中煮熟，沥干。
4. 平底锅中放油，把煮好的小扁豆、藜麦、小番茄加点盐炒香。
5. 将炒好的食材和熟玉米放到玉米泥上，放罗勒叶装饰即可。

小贴士

玉米泥是很百搭的食物，无须多余的调料，就有天然的好味道。还可以搭配其他自己喜欢的食物。

万事纷扰
安心做饭、读书、运动
午餐做玉米全植物料理
玉米粒煮熟加点植物奶打成泥
小扁豆、藜麦、番茄炒一炒
滋味美妙

茄子土豆三明治

食材

A
- 茄子 100g
- 盐少许
- 孜然粉少许
- 椰子油 10mL

B
- 土豆 150g
- 椰奶 30mL
- 盐少许

C
- 玉米粒 10g
- 芦笋 15g
- 小番茄 2 颗
- 腰果少许
- 燕麦米 10g

做法

1. 茄子切成2cm厚的片，烤盘上刷一层椰子油，中火将茄子烤熟，撒些盐和孜然粉。

2. 土豆上蒸锅蒸熟，压成泥，加入椰奶、盐，搅拌均匀。

3. 玉米粒、芦笋、小番茄、腰果放入烤盘煎熟。燕麦米隔水煮熟。

4. 将茄子铺在盘子上，放土豆泥，再铺上其他食材即可。

双茄红酱辣意面

食材

A

- 茄子 100g
- 昆布酱油 15mL
- 葡萄籽油 15mL

B

- 白豆干 100g
- 孜然粉 1g
- 植物油少许
- 昆布酱油 15mL
- 小番茄 8 颗

C

- 全麦意面 50g
- 罗勒叶 3 片
- 火麻仁籽少许
- 全植红酱（见P20）50g
- 腰果少许
- 干辣椒丝少许
- 橄榄油 10mL
- 南瓜子少许

做法

1. 将食材A中的茄子切长条，加昆布酱油腌渍10分钟，用葡萄籽油煎熟，卷成小卷。

2. 将食材B中的昆布酱油和孜然粉搅拌均匀，白豆干切成方块，放入调匀的酱料中腌渍10分钟。平底锅刷一层油，将腌渍好的豆干煎熟，同时将小番茄稍煎软。

3. 全麦意面放入沸水中煮熟。

4. 平底锅加少许橄榄油，将全植红酱和意面搅拌均匀。

5. 将意面、茄子卷、煎豆干、小番茄和剩余食材一起装盘。

小贴士

食谱是少油版。可根据自己的口味调整植物油的用量。

烤四季豆
全植螺旋意面

食材

A

- 茄子 50g
- 四季豆 20g
- 小番茄 5~6 颗
- 植物油 15mL
- 昆布酱油少许

B

- 全植红酱（见 P20）50g
- 螺旋全麦意面 50g
- 植物油 5mL

做法

1. 茄子切片；四季豆洗净后沥干，切成5cm长的段；小番茄洗净后沥干。
2. 平底锅上刷一层油，将茄子、四季豆用中火煎熟，出锅前淋些昆布酱油。小番茄煎软。
3. 螺旋全麦意面放入沸水中煮熟，约10分钟。
4. 平底锅中加入植物油，放入意面和全植红酱，如果太干可以加点高汤或清水，搅拌均匀。
5. 所有食材装盘即可。

喜欢夏日早晨步行
这是一天光线最柔和最清爽的时刻
公园里开了大片的紫衣花海
拍了友人喜欢的照片
用夏日蔬果做食物
日子像花一样美好

85

毛豆全植意面

食材

- 毛豆 30g
- 黄瓜 1/2 根
- 全麦意面 50g
- 羽衣甘蓝适量
- 松仁 2g
- 薄荷叶适量
- 橄榄油 15mL
- 全植青酱（见 P20）50g

做法

1. 毛豆放沸水中焯熟。
2. 黄瓜洗净，用刮皮刀刮成长条。
3. 羽衣甘蓝洗净，沥干。
4. 汤锅放水，煮沸后放入全麦意面煮熟。
5. 平底锅放油，将松仁炸香，加入煮熟的意面和全植青酱，翻炒均匀。
6. 出锅后加入煮好的毛豆、羽衣甘蓝和黄瓜条。
7. 用薄荷叶装饰。

小贴士

煮意面时，可以放点盐。

小扁豆酱汁拌面

食材

- 小扁豆 50g
- 西蓝花 2 朵
- 紫洋葱 50g
- 小番茄 4~5 个
- 植物油 30mL
- 辣椒粉 5g
- 盐 1g
- 黑荞麦面 50g

做法

1. 小扁豆浸泡10分钟；紫洋葱洗净后切碎；小番茄切碎。
2. 锅里放油，加入洋葱碎、番茄碎、清水，煮开后加入小扁豆，约煮20分钟，小扁豆煮烂后再加入辣椒粉、盐和西蓝花。
3. 汤锅中放水，煮沸后加入黑荞麦面，煮10分钟。
4. 黑荞麦面装盘，淋煮好的小扁豆酱汁。

小扁豆是食材库中的常备食材
有着丰富的植物蛋白
把小扁豆与其他植物食材
煮成酸辣的酱汁
用来拌面最好

彩虹松饼

食材

A

- 低筋面粉 200g
- 植物奶 180mL
- 枫糖浆 30mL

- 泡打粉 1g
- 植物油 30mL

B

- 草莓酱 10g
- 牛油果 1/4 个
- 紫甘蓝发酵菜（见 P21）5g
- 鲁特天贝 10g

- 香蕉 1/4 个
- 小番茄 2 颗
- 椰子油适量

做法

1. 用食材A制作松饼。将低筋面粉、植物奶、泡打粉、枫糖浆放入碗中，搅拌均匀。
2. 平底锅刷一层油，将面糊煎成小松饼。
3. 鲁特天贝用椰子油煎至两面焦脆，小番茄切成两半，牛油果、香蕉切成片。
4. 把食材B分别盖在松饼上即可。

🧂小贴士

1. 用汤勺来做量勺，这样可以煎出大小一样的松饼。
2. 可以把自己喜欢的其他食材加到松饼上。

羽衣甘蓝卷饼

食材

- 全麦面粉 100g
- 羽衣甘蓝 50g
- 椰子花糖 10g
- 植物奶 150mL
- 白芝麻 5g

- 黄瓜 10g
- 小番茄 5~6 颗
- 腰果 5~6 颗
- 植物油 15mL
- 番茄酱 15g

做法

1. 羽衣甘蓝洗净，沥干，与椰子花糖、植物奶一起放入料理机中搅匀。
2. 将全麦面粉加入羽衣甘蓝汁中，搅拌成可流动的面糊。
3. 平底锅中加入少许油，将面糊煎成大小一致的圆饼。
4. 将小番茄、腰果放入平底锅中，小火烤5分钟。
5. 黄瓜用刮皮刀刮成长条。
6. 在卷饼上加入小番茄、腰果、黄瓜，卷起来，撒白芝麻，搭配番茄酱即可。

小贴士

饼的厚薄可根据口感来定，可用汤勺来做量勺，这样可煎出大小一致的饼。

做绿色的羽衣甘蓝卷饼
搭配些喜欢的蔬果和坚果
便是不错的蔬食早午餐

天贝全植碗

食材

A
- 芦笋 6 根
- 红薯 1/2 个
- 荷兰豆 20g
- 松仁 5g
- 南瓜子少许
- 奇亚籽少许
- 植物油 5mL

B
- 鲁特天贝 30g
- 红椒粉 5g
- 古法酱油 5mL
- 橄榄油 10mL
- 枫糖浆 5mL

C
- 小番茄 6 颗
- 柠檬汁 15mL
- 罗勒 10g
- 黑胡椒 1g

做法

1. 芦笋取最嫩的部分，平底锅中刷一层油，将处理好的芦笋、荷兰豆煎熟。红薯蒸熟，切块备用。

2. 将鲁特天贝切成薄片，食材B的调料调匀，将天贝浸在调料中，冷藏后煎至两面微微焦脆。

3. 将小番茄切丁，罗勒洗净后沥干、切碎，与柠檬汁、黑胡椒混合均匀，倒入密封罐中，冷藏一两个小时，做成酱汁。

4. 将食材A和天贝组合摆盘，倒入酱汁。

初夏的日常
微热的天气
把冰箱里剩余的食材
搭配酸酸甜甜的酱汁
做成今日的能量午餐

青豆香菇糙米饭团全植碗

食材

A
- 鲜香菇 3 朵
- 青豆 10g
- 糙米 50g
- 古法酱油 5mL
- 椰子油 5mL

B
- 茄子 100g
- 古法酱油 5mL
- 植物油 10mL
- 孜然粉 1g
- 芝麻少许
- 盐 1g

C
- 羽衣甘蓝 5g
- 紫甘蓝 5g
- 基础油醋汁（见 P18）5mL
- 牛油果 1/2 个
- 豆干 5g

做法

1. 用食材A制作青豆香菇糙米饭团。青豆放沸水中焯熟；鲜香菇洗净后切碎，锅里放椰子油，放香菇碎，加古法酱油炒香。

2. 糙米洗净后放入电饭煲，加入炒好的香菇碎煮熟。

3. 香菇糙米饭加青豆搅拌均匀，用饭团模具压出三角形饭团。

4. 用食材B制作烤茄子。将植物油、古法酱油、盐搅拌均匀；茄子对半切开，裹满调好的调料，平底锅刷一层油，把茄子烤熟，撒孜然粉和芝麻。

5. 羽衣甘蓝洗净后沥干，紫甘蓝洗净后切丝。将羽衣甘蓝、紫甘蓝混合，淋基础油醋汁调味。

6. 豆干用平底锅烤一下；牛油果去皮，切片。

7. 将所有食材组合装盘。

🧂小贴士

鲜香菇清洗干净即可，无须泡水，泡太久香菇容易散失香味。

开始享受"果蔬盛宴"吧

天气日渐炎热
自然万物生长至繁盛
水果也进入到丰盈的时期
夏季
对于全植物饮食践行者来说
是最美好的季节

番石榴牛油果沙拉

食材

A

- 番石榴 1/2 个
- 黑莓 10 颗
- 羽衣甘蓝 10g
- 牛油果 1/2 个
- 火麻仁籽少许

B

- 火麻仁油 15mL
- 香脂醋 5mL
- 枫糖浆 15mL
- 黑胡椒少许

做法

1. 番石榴去皮，切成小块；黑莓、羽衣甘蓝洗净后沥干；羽衣甘蓝用手稍揉搓，使其变软；牛油果切片。
2. 将食材A的所有蔬果组合摆盘。
3. 将食材B放入小碗中调成酱汁。
4. 把酱汁淋在沙拉上。

六月末
连续下雨的天气
早起迎着雨步行几圈
头脑清醒很多
上午的时间最适合思考
总结、复盘和计划
做清淡蔬食
清净身心

菠萝芦笋沙拉

食材

- 菠萝 50g
- 土豆 1 个
- 荷兰豆 15g
- 芦笋 20g
- 羽衣甘蓝 10g
- 植物油 10mL
- 奇亚籽少许
- 基础油醋汁（见 P18）30mL

做法

1. 菠萝去皮、切成小块。土豆去皮，蒸熟后切小块。
2. 平底锅刷一层油，将处理好的芦笋和荷兰豆放入平底锅煎熟。
3. 羽衣甘蓝洗净，沥干，撕成小块，稍揉搓使其变软。
4. 把所有食材摆盘，撒奇亚籽，淋上基础油醋汁。

菠萝甜酸可口
是初夏的味道

牛油果小黄瓜沙拉

食材

A

- 小黄瓜 1 根
- 牛油果 1/2 个
- 黑莓 6 颗
- 生菜 2~3 片
- 樱桃 3 颗
- 菇娘果 5 颗
- 奇亚籽适量
- 火麻仁籽适量

B

- 芝麻酱 5g
- 花生酱 5g
- 大豆酸奶 15mL

做法

1. 小黄瓜洗净，用刮皮刀刮成长条。
2. 牛油果去皮，切片。
3. 黑莓用盐水泡一下，生菜、樱桃和菇娘果洗净后沥干。
4. 所有蔬果摆盘，撒奇亚籽和火麻仁籽。
5. 将食材B搅拌均匀，淋在沙拉上即可。

植物的根、茎、叶、花、果、种子
有各种营养和不同的味道
食用植物
等于吃尽大地的纯净美好

芒果罗勒沙拉

食材

A

- 芒果 1 个
- 黄瓜 1/2 根
- 黄番茄 1 个
- 土豆 20g
- 罗勒叶少许
- 香芹叶少许
- 小茄子 1 个
- 植物油 5mL

B

- 牛油果 1/2 个
- 植物奶 50mL
- 罗勒 5g

做法

1. 芒果和黄瓜去皮，用刮皮刀刮成条；黄番茄洗净后对半切开。

2. 土豆放蒸锅蒸熟，切成小块；罗勒叶和香芹叶洗净后沥干。

3. 茄子洗净后切成长条，在表面刷一层油，放平底锅煎熟。

4. 用食材B制作牛油果罗勒酱汁。所有食材放入料理机中搅拌均匀即可。

5. 将沙拉装盘，淋上酱汁。

夏日的芒果
太适合搭配各类蔬果
芒果的甜和独特香气
总是给人带来惊喜

杏子沙拉

食材

A

- 杏 3 个
- 梨 1 个
- 李子 2 颗
- 紫葡萄 10 颗
- 羽衣甘蓝 10g
- 奇亚籽少许
- 火麻仁籽少许

B

- 亚麻籽油 15mL
- 青柠汁 5mL
- 姜末 1g
- 枫糖浆 15mL
- 薄荷叶少许

做法

1. 将食材A中的所有蔬果洗净，沥干，杏、梨、李子切块；羽衣甘蓝洗净后揉搓使其变软。

2. 用食材B制作生姜薄荷油醋汁。将亚麻籽油、青柠汁、姜末、枫糖浆加入小碗中调匀，薄荷叶切碎，放入油醋汁中。

3. 将沙拉组合装盘，淋上生姜薄荷油醋汁。

夏日的杏子
上市时间很短
很甜
和各种蔬果组合起来
甘甜饱足

黄桃沙拉

食材

- 黄桃 1 个
- 青奈李 1~2 个
- 苦菊 10g
- 芒果 1 个
- 生腰果 35g
- 三色藜麦 15g
- 基础油醋汁（见 P18）15mL
- 面包 2 片

做法

1. 黄桃洗净后切块，将黄桃和生腰果用平底锅烤一下，约5分钟。
2. 青奈李洗净后切小块；芒果去皮，用刮皮刀刮成条；苦菊洗净后沥干。
3. 三色藜麦放入清水中煮20分钟，煮熟后沥干。
4. 将所有食材组合装盘，淋上基础油醋汁。

友人来访
带来自制的桂圆核桃面包
做黄桃沙拉佐面包
一起享用

夏日果昔能量碗

蓝莓火龙果果昔碗

食材

A

- 香蕉 1 根
- 红心火龙果 30g
- 黑莓 2 颗
- 蓝莓 20g

B

- 红心火龙果块 100g
- 蓝莓 10 颗
- 奇亚籽 5g
- 火麻仁籽 5g

芒果菠萝果昔碗

食材

A

- 香蕉 1 根
- 芒果 30g
- 植物奶 10mL

B

- 菠萝块 100g
- 树莓 9 颗
- 芒果块 60g
- 奇亚籽少许

夏日是水果最丰盛的时期
色彩缤纷
还拥有丰富的植化素
一餐来一碗丰富的高能水果餐

木瓜樱桃果昔碗

食材

A

- 香蕉 1 根
- 木瓜 50g
- 植物奶 10mL

B

- 樱桃 4 颗
- 黑莓 1 颗
- 树莓 2 颗
- 奇亚籽少许

做法

1. 将食材A提前放入冰箱冷冻一晚，第二天放入高速搅拌机中打成细腻的果泥。
2. 将食材B搭配在打好的果泥上即可。

秋

食　事

秋日

去乡下小憩

有静谧的田园风光

大片田野土地重新翻耕

油菜花种子即将要下地

来年春天又会是

漫山遍野的油菜花

往后山步行

有大片梧桐树叶

席地而坐一起野餐

在厨房做好简单的食物

孩童们在满山奔跑

这样的日子好想珍藏

橘子全植奶酪

食材

- 全植奶酪（见 P19）100g
- 橘子 150g
- 枫糖浆 15mL
- 椰奶 50mL
- 寒天粉 15g

做法

1. 在小奶锅中加入全植奶酪、椰奶、枫糖浆、寒天粉，用中小火煮开，注意搅拌不要粘锅。
2. 容器表面抹一层油，将煮好的奶酪倒入容器中，放冰箱冷藏3小时左右。
3. 橘子去皮后切圆片，摆放在做好的全植奶酪上即可。

肉桂植物奶茶

食材

- 肉桂棒 1 根
- 红茶 5g
- 水 150mL
- 枫糖浆 5mL
- 植物奶 250mL

做法

红茶放入水中煮沸，加入植物奶和枫糖浆继续煮1分钟，用滤网将奶茶过滤入杯中，放入肉桂棒即可。

石榴黑巧

食材

- 可可脂 100g
- 可可粉 50g
- 枫糖浆 50mL
- 新鲜石榴子适量

做法

1. 可可脂隔水化开，加入可可粉搅拌均匀，再加入枫糖浆搅匀。

2. 用勺子盛出适量可可液，撒上新鲜石榴子，放入冰箱冷藏或冷冻都可以。

秋之蔬

鹰嘴豆丸

食材

- 鹰嘴豆 40g
- 藜麦 20g
- 椰子花糖 5g
- 核桃碎 10g
- 肉桂粉 1g

做法

1. 鹰嘴豆提前4小时浸泡，用电饭锅煮熟，沥干后放入料理机打成泥。
2. 藜麦放入锅中煮熟。
3. 将鹰嘴豆泥、藜麦、椰子花糖、核桃碎、肉桂粉混合，捏成丸子。放入烤箱，180℃烤15分钟。

🧂 小贴士

可以制作一些清爽的沙拉，搭配丸子食用。

牛油果南瓜花卷

食材

- 牛油果 1 个
- 新鲜南瓜花 8 朵
- 全植奶酪（见 P19）40g
- 植物油 50mL
- 肉桂粉 10g
- 火麻仁籽 2g
- 羽衣甘蓝 10g

做法

1. 新鲜南瓜花洗净，去掉蒂和蕊，用淡盐水浸泡10分钟，沥干。
2. 将南瓜花花瓣打开，舀1勺全植奶酪塞入花里，将花瓣包起来。
3. 将南瓜花放入油锅中炸熟。
4. 牛油果去皮，用刮皮刀削成薄片。
5. 用牛油果片把炸好的南瓜花包起来。
6. 羽衣甘蓝洗净，沥干，撕成小片。
7. 将牛油果南瓜花卷摆盘，用羽衣甘蓝装饰，撒肉桂粉和火麻仁籽。

小贴士

1. 南瓜花在炸之前可以裹上一层面糊。面糊用全麦面粉加清水即可。
2. 南瓜花夹馅也可以用土豆泥或南瓜泥。

小菜园寄来食材
收到了南瓜花
鲜花和美食
是世间最美好的事物

香菇酿小扁豆

食材

A

- 香菇 6 朵
- 蒜 1 瓣
- 橄榄油 30mL
- 盐 1g
- 黑胡椒少许

B

- 小扁豆 20g
- 紫甘蓝丝适量
- 三色藜麦适量
- 香菜少许

做法

1. 香菇洗净后去蒂；将食材A中的其他食材混合，放入香菇腌10分钟。

2. 将香菇放入烤箱，180℃烘烤20分钟。

3. 小扁豆放入清水中煮熟，约15分钟，沥干后用勺子压成泥。

4. 三色藜麦煮熟备用。

5. 香菇中放入小扁豆泥，再点缀紫甘蓝丝、三色藜麦和香菜。

南瓜泥藕夹

食材

- 莲藕 200g
- 南瓜 100g
- 全麦面粉 50g
- 面包糠适量
- 油 200mL

做法

1. 莲藕去皮，切成薄片。南瓜去皮，切片，蒸软后沥水，压成泥。

2. 取2片藕，夹入1小勺南瓜泥。

3. 全麦面粉加适量清水调成面糊。将藕夹放入面糊中滚一滚，再裹上一层面包糠，放入170℃的油中炸成金黄色。放在吸油纸上吸掉多余油分。

 小贴士

1. 挑选刚采摘的莲藕，水分足，涩味少，口感香脆，味道清淡。
2. 南瓜选较甜的。

午后做小食当下午茶
时令的嫩藕和南瓜组合起来
煮热腾腾的咖啡
写字、拍照、整理
度过简单的一日

无花果沙拉佐桂花油醋汁

食材

A

- 无花果 1 个
- 蓝莓 8~10 颗
- 苦菊 30g
- 牛油果 1/2 个
- 藜麦 30g
- 鹰嘴豆 25g
- 南瓜子 5g
- 奇亚籽 1g

B

- 桂花枫糖浆 15mL
- 香脂醋 10mL
- 橄榄油 15mL

做法

1. 无花果洗净，沥干，切成薄片；苦菊、蓝莓洗净，沥干；牛油果切片。

2. 藜麦浸泡10分钟，鹰嘴豆浸泡8小时，分别蒸熟，藜麦蒸约15分钟，鹰嘴豆蒸约30分钟。

3. 用食材B制作桂花油醋汁。将桂花枫糖浆、香脂醋、橄榄油放入小碗中，搅拌均匀。

4. 将食材A组合装盘，淋上酱汁，撒南瓜子和奇亚籽。

🧂小贴士

桂花枫糖浆做起来非常方便，200mL的玻璃瓶，新鲜桂花50g，加入糖浆100mL，腌渍一天，放入冰箱可以长久保存。

这个季节的桂花最珍贵
取些洗净的新鲜桂花加入枫糖浆中
腌渍一天
糖浆中便有了桂花的香气

石榴莓果全植沙拉

食材

- 树莓 8~10 颗
- 黑莓 6~8 颗
- 牛油果 1/2 个
- 杏仁 10g
- 豆干 35g
- 羽衣甘蓝 10g
- 石榴子适量
- 火麻仁籽少许
- 基础油醋汁（见 P18）15mL

做法

1. 树莓、黑莓洗净后沥干。
2. 羽衣甘蓝洗净后沥干，稍揉搓使其变软。
3. 豆干放入平底锅，烤至焦黄。
4. 牛油果切片。
5. 将全部食材组合装盘，淋上基础油醋汁即可。

长长的假期
有次小小的旅行
十月天还很炎热
午餐做清爽丰富的食物
石榴的季节
子软甜脆
拌入食物增加口感层次
也喜欢用石榴榨汁
粉色汁液好看又好喝

西柚牛油果沙拉

食材

- 西柚 1/4 个
- 牛油果 1/2 个
- 羽衣甘蓝 10g
- 樱桃李 3 颗
- 南瓜子 5g
- 腰果适量
- 柑橘汁 5mL
- 基础油醋汁（见 P18）30mL

做法

1. 西柚去皮，切圆片，再对半切开。

2. 牛油果去皮，用刮皮刀刮成条。

3. 羽衣甘蓝洗净后沥干，轻轻揉搓使其变软。

4. 樱桃李去核，切成小块。

5. 所有食材装盘，将柑橘汁和基础油醋汁混合后淋在上面即可。

豆皮卷佐香菜辣醋酱汁

食材

A

- 鲜豆皮 5 张
- 小个胡萝卜 1 个
- 青甜椒 1/2 个
- 甜菜根 1/2 个

B

- 植物油 15mL
- 蒜末 1g
- 辣椒粉 1g
- 陈醋 5mL
- 盐 1g
- 香菜少许

做法

1. 鲜豆皮切约5cm宽。胡萝卜、青甜椒、甜菜根切5cm长的丝。用豆皮将切好的蔬菜卷起。
2. 用食材B制作香菜辣醋酱汁。小碗里放辣椒粉、蒜末、陈醋、盐，植物油在锅里烧热，淋在小碗中，撒香菜即可。

茼蒿泥配炸物

食材

A

- 茼蒿 200g
- 胡萝卜 1/3 个
- 洋葱 1/4 个
- 小土豆 1 个
- 蒜 1 瓣
- 盐 1g
- 橄榄油 15mL
- 蔬菜高汤（见 P17）300mL

B

- 小南瓜 3 块
- 紫甘蓝 20g
- 蘑菇 20g
- 牛油果 1/2 个
- 全麦面粉 30g
- 清水 50mL
- 植物油 200mL

做法

1. 用食材A制作茼蒿泥。茼蒿叶洗净，沥干；胡萝卜去皮，切成小块；洋葱切小块；小土豆去皮，切成小块。

2. 炒锅放油，放蒜爆香，把胡萝卜、洋葱、土豆加盐炒熟，放入料理机中，再加入茼蒿叶和蔬菜高汤，打成泥。

3. 用食材B制作蔬菜炸物。小南瓜去皮、切成块；紫甘蓝洗净，切5cm长小段；蘑菇洗净，去尾；牛油果去皮，均分成4块。

4. 在碗里放入全麦面粉，加清水调成面糊，所有食材裹上面糊。

5. 深锅里放油烧热，调小火，把裹好面糊的食材炸至上色，用吸油纸稍微吸掉一些油。

小贴士

1. 嫩茼蒿叶可以用来拌沙拉、涮火锅。成熟茼蒿叶用来做茼蒿泥。

2. 炸蔬菜可以当小零食，烹饪的时候不妨多做点。

深秋寒意渐浓
出门去步行
路边的落叶走上去咯吱响
在大自然中总能保持足够的清醒和松弛
买到深秋的茼蒿叶
成熟叶子更适合做茼蒿泥
试着把牛油果也炸炸
制作植物料理每一次都是奇妙之旅

秋蔬果散寿司饭

食材

A

- 糙米 25g
- 香菇 5g
- 辣豆干 30g

- 南瓜 25g
- 植物油 10mL

B

- 嘎啦苹果 1/2 个
- 牛油果 1/2 个
- 苦菊叶适量
- 山核桃仁少许

- 腰果少许
- 火麻仁籽少许
- 海苔少许
- 寿司醋 15mL

做法

1. 糙米洗净，放入电饭锅中煮熟。
2. 香菇、南瓜切丁，和辣豆干一起放入油锅中炒熟。
3. 嘎啦苹果洗净后切片，牛油果切片，苦菊叶洗净后沥干。
4. 将食材A和食材B组合装盘，淋寿司醋调味。

秋风渐凉
内心沉静
去山上看红枫叶
午餐做散寿司饭
所有食材搭配好后
淋一勺寿司醋
口感清爽又饱腹

桂花柿子饼

食材

- 火柿 500g
- 鲜桂花 100g
- 全麦面粉 200g
- 橄榄油 15mL
- 枫糖浆 10mL

做法

1. 火柿剥皮后放入搅拌碗中捣成泥。

2. 鲜桂花洗净，沥干。

3. 把鲜桂花和全麦面粉加入到柿子泥中，搅拌成稍微黏稠的糊。

4. 平底锅刷一层橄榄油，用小汤勺舀面糊放入锅中，中火煎至两面焦黄。

5. 装盘后淋些枫糖浆，撒少许鲜桂花装饰。

🧂 小贴士

1. 火柿一定要挑软的，比较甜。
2. 桂花要采摘刚开花的，香味比较浓。
3. 可以用一个小勺做固定的量勺，这样可以煎出同样大小的饼。
4. 不喜欢甜，可以不用淋糖浆。

喜欢秋天的柿子
脆柿适合拌入沙拉、植物酸奶、燕麦粥中
软软的火柿非常甜
用来煎软软的早餐饼
柿子天然甜
吃起来毫无负担

南瓜全植蛋糕

食材

A

- 腰果 40g
- 植物奶适量
- 山核桃仁 40g
- 盐少许
- 椰枣 25g

B

- 生可可脂 35g
- 腰果 75g
- 南瓜块 35g
- 椰子花糖 25g
- 椰子油 15mL
- 柠檬 1 个

做法

1. 用食材A做蛋糕底。腰果提前浸泡4小时，洗净后沥干。
2. 椰枣切小块，加少许植物奶泡软。
3. 腰果、山核桃仁、盐放入料理机搅匀，再加椰枣搅打。
4. 将打好的食材填入蛋糕模具中压紧，放入冰箱冷藏。
5. 将食材B中的南瓜块蒸熟，去掉多余水分，压成泥。
6. 生可可脂、椰子油隔水加热至生可可脂化开。
7. 将腰果和椰子花糖放入料理机中搅匀，加入生可可脂和椰子油继续搅打均匀，倒在食材A的模具上。
8. 刮一些柠檬皮丝，拌入南瓜泥中，冷藏至少4小时。

🧂 小贴士

南瓜泥可以替换成榴莲泥或芒果泥。

这两年安静宅家的时光增多
做全植点心，冲一壶茶
看书，虚度一下午
恰恰是在这些平常日子中
感受到生活的真实

红薯寿司

食材

- 红薯 100g
- 鲁特天贝 50g
- 植物油 15mL
- 牛油果 1/4 个
- 软石榴子 10g
- 全植沙拉酱（见 P18）适量

做法

1. 红薯切1cm厚的片，牛油果切片。
2. 烤盘刷一层薄薄的油，放上红薯，180℃烤15分钟。
3. 鲁特天贝切薄片，平底锅放少许油，将天贝两面煎至焦脆。
4. 将天贝、牛油果、软石榴子与红薯组合装盘。
5. 淋上全植沙拉酱。

🧂 小贴士

可以创意搭配各种喜欢的食物。

秋日红薯的新吃法
灵感来源于寿司
红薯的甜糯跟其他食材搭配
应该会有惊艳的感觉

菠菜牛油果意面

食材

A

- 菠菜意面 50g
- 菠菜叶 20g
- 菜花 10g
- 口蘑 1 个
- 小番茄 2 个
- 黑豆笋皮少许
- 盐少许
- 孜然粉少许

B

- 牛油果 1/2 个
- 芥末籽酱 10g
- 橄榄油 10mL
- 柠檬汁 10mL

做法

1. 将菠菜意面放入沸水中煮熟。菠菜叶用沸水焯一下。

2. 烤盘刷一层油。菜花分成小朵，口蘑切片，与小番茄、黑豆笋皮一起放入烤盘，撒盐和孜然粉，100℃烤10~15分钟。

3. 用食材B做牛油果芥末酱汁。将牛油果、芥末籽酱、橄榄油、柠檬汁放入料理机里搅拌均匀。

4. 将菠菜意面、菠菜叶和烤蔬菜装盘，淋牛油果芥末酱汁。

照烧桃胶全植碗

食材

A
- 桃胶 5g
- 古法酱油 15mL
- 鲜香菇 1 个
- 醋 5mL
- 豆干 30g
- 枫糖浆 5mL
- 植物油 5mL
- 菌菇高汤（见 P17）100mL

B
- 紫甘蓝 5g
- 生菜 10g
- 黄瓜 1/2 根
- 牛油果 1/4 个
- 无花果 2 块
- 海苔适量

C
- 全麦面条 50g
- 酱油 5mL
- 葱油 5mL
- 盐 1g
- 植物油 5mL

做法

1. 把古法酱油、醋、枫糖浆倒入小碗中调匀。桃胶提前一天完全泡发，洗净后沥干。

2. 豆干和香菇切成丁。平底锅放油，放入豆干、桃胶和香菇，加调好的酱汁炒熟。再放入菌菇高汤焖几分钟。

3. 紫甘蓝、黄瓜洗净后切成丝；生菜放入沸水中焯熟；牛油果压成泥；无花果切小块。

4. 将全麦面条煮熟，捞出放入碗中，加入盐、葱油和酱油。

5. 锅中放油烧热，将热油淋到面条上，搅拌均匀。

6. 将所有食材组合摆盘。

红薯全植碗
佐罗勒全植沙拉酱

食材

- 红薯 1 个
- 黑莓 8 颗
- 西柚 1/4 个
- 苦菊 10g
- 芒果 1/2 个
- 牛油果 1/2 个
- 新鲜罗勒叶 5g
- 全植沙拉酱（见 P18）30mL

做法

1. 红薯去皮，蒸熟后切成块。
2. 黑莓和苦菊洗净，沥干。西柚、牛油果切块。芒果去皮，用刮皮刀刮成条。
3. 新鲜罗勒叶洗净后切碎，放入全植沙拉酱中，搅拌均匀。
4. 将所有处理好的食材装盘，淋上罗勒全植沙拉酱即可。

秋日天气微炎热
最喜食维生素C丰富的蔬果
加新鲜罗勒做酱汁
甚是美味

羊栖菜藕片全植碗

食材

A

- 干羊栖菜 3g
- 藕片 100g
- 橄榄油 10mL
- 盐 1g

B

- 鹰嘴豆 30g
- 古法酱油 15mL
- 醋 5mL
- 枫糖浆 5mL
- 橄榄油 10mL
- 辣椒粉少许

C

- 小番茄 6 颗
- 芦笋 5 根
- 糙米 50g
- 南瓜子 5g

做法

1. 藕选比较嫩的，洗净、去皮、切薄片。
2. 干羊栖菜用热水泡发，洗净后沥干。
3. 平底锅放油，加入藕片和羊栖菜一起翻炒，加盐和少许清水煮一下。
4. 将古法酱油、醋、枫糖浆放入小碗中调匀。
5. 鹰嘴豆提前浸泡4小时，放入高压锅或电饭锅煮熟。
6. 平底锅中放少许油，加入鹰嘴豆和调好的料汁煮熟，出锅前撒些辣椒粉。
7. 小番茄和芦笋放入平底锅稍煎烤。
8. 糙米洗净后放入电饭煲煮熟。
9. 将所有处理好的食材组合摆盘。

🧂 小贴士

准备全植碗时，鹰嘴豆和糙米可以多煮一些，吃不完可以装入密封盒冷冻保存。

腰果香菇糙米饭团全植碗

食材

A

- 鲜香菇 3 朵
- 腰果 10g
- 糙米 50g
- 古法酱油 5mL
- 椰子油 5mL

B

- 豆干 30g
- 芥蓝 2 棵
- 酱油 5mL
- 芝麻少许
- 牛油果 1/2 个
- 发酵菜（见 P21）10g
- 海苔适量

做法

1. 鲜香菇洗净后切碎，锅里放椰子油，加入香菇碎和古法酱油炒香。
2. 糙米洗净后放入电饭煲，放入炒好的香菇，煮熟。
3. 腰果放入平底锅里烤香，拌入煮好的香菇糙米饭中，用饭团模具压出三角饭团。
4. 豆干放入平底锅里加热5分钟。芥蓝放入热水中焯熟，加点酱油调味，撒点芝麻。
5. 牛油果用刮皮刀刮成条。
6. 将所有食材组合摆盘。

🧂小贴士

豆干是油炸而成的豆制品，口感是辣的。

秋季
各种坚果种子也开始收获
用腰果来做饭团
做植物奶
都是令人满足的美味

147

椰子油贝贝南瓜全植碗

食材

A

- 贝贝南瓜 1/2 个
- 豆干 40g
- 腰果适量
- 青豆 10g
- 椰子油 15mL

B

- 三色糙米 50g

C

- 菠菜 20g
- 牛油果 1/4 个
- 黄瓜 1/3 根
- 紫甘蓝 10g
- 奇亚籽少许
- 油醋汁 10mL

做法

1. 贝贝南瓜切块，豆干切丁，烤盘或平底锅刷一层油，将贝贝南瓜烤熟，约10分钟。豆干烤得焦脆，约5分钟。
2. 腰果和青豆煎熟，约5分钟。
3. 三色糙米洗净后放入电饭锅中煮熟，与烤熟的青豆和腰果搅拌在一起。
4. 菠菜放入沸水中焯熟。
5. 牛油果切丁；黄瓜先对半切开，再切片。
6. 紫甘蓝洗净后沥干，切成丝。
7. 将牛油果、黄瓜、紫甘蓝丝淋上油醋汁，撒奇亚籽。将所有食材组合装盘。

豆腐香菇排全植碗

食材

A

- 老豆腐 50g
- 香菇 20g
- 小扁豆 10g
- 花椒粉 1g
- 盐 1g
- 油 15mL
- 全麦面粉 10g
- 有机酱油 5mL

B

- 糙米 10g
- 南瓜子 5g
- 无花果 1 个
- 苦菊 10g
- 紫甘蓝发酵菜（见 P21）5g

做法

1. 老豆腐用纱布挤出一些水分后捏碎，香菇切丁后炒熟。
2. 将老豆腐、煮熟的小扁豆、香菇和全麦面粉搅拌均匀，加入花椒粉、有机酱油和盐，搅拌均匀。
3. 平底锅刷一层油，把食材捏成大小一样的小圆饼，放入平底锅中煎至两面焦黄。
4. 糙米洗净，放入电饭锅煮熟。
5. 无花果洗净后切块，苦菊洗净后沥干。
6. 把食材A和食材B组合装盘即可。

天气凉爽
切好水果
带好食物和书
去森林里散步
在大自然中思考和疗愈

冬

食　事

冬日年尾必不可少的聚会

围桌小叙

几款简约的全植物料理

作为围炉的配菜

也是不错的

餐桌上深度交流

生活中所有的不快

唯有美食

可以治愈

草莓豆腐时蔬串串

食材

- 老豆腐 100g
- 草莓 6 颗
- 马蹄 4 颗
- 羽衣甘蓝 20g
- 豆乳酸奶 30mL

做法

1. 老豆腐切成2厘米见方的块，平底锅刷一层油，将豆腐块煎至两面金黄，脆脆的口感更好吃。
2. 草莓洗净，沥干后对半切开。马蹄洗净，去皮。
3. 羽衣甘蓝洗净后揉搓使其变软，撕成小块。
4. 用竹扦将所有食材穿起来。淋上豆乳酸奶即可。

红薯小扁豆泥红椒杯

食材

- 红小扁豆 100g
- 红薯 200g
- 全植奶酪（见 P19）50g
- 枫糖浆 15mL
- 红甜椒 3 个

做法

1. 红小扁豆提前15分钟浸泡，加水煮至软烂，放入料理机中打成泥。
2. 红薯选择比较甜糯的，蒸熟后去皮，压成泥。
3. 红甜椒洗净后对半切开，去籽。
4. 将扁豆泥、红薯泥、全植奶酪和枫糖浆混合均匀，填满红甜椒。

🧂 小贴士

甜椒生吃更营养，又甜又脆。

冬日时蔬佐鹰嘴豆泥开心果酱

食材

A

- 水果胡萝卜1根
- 红薯 1/2 个
- 嫩藕 2 片
- 青萝卜 1/2 个
- 桑葚 30g
- 西柚 1/4 个
- 紫甘蓝 10g
- 坚果 20g
- 板栗 5 个

B

- 生开心果 100g
- 生腰果 10g
- 枫糖浆 10mL
- 植物奶 50mL

C

- 鹰嘴豆 200g
- 蒜瓣 5g
- 芝麻酱 15g
- 柠檬汁 5mL
- 盐 1g（可不放）
- 橄榄油 15mL
- 植物奶 100mL

做法

1. 水果胡萝卜切段。红薯、嫩藕去皮，切圆片。青萝卜切圆片。板栗放入沸水中煮熟。
2. 用食材B制作开心果酱，将生开心果和生腰果用沸水浸泡半小时，与枫糖浆、植物奶一起用料理机打成酱汁。
3. 鹰嘴豆提前浸泡4小时，煮熟。将所有食材C放入料理机中打成泥。
4. 将所有食材组合装盘即可。

🧂 小贴士

1. 蔬菜可自行搭配，注意选择生食口感较好的。
2. 时间充裕的话，可将煮熟的鹰嘴豆表皮剥除。

冬之蔬

羽衣甘蓝草莓沙拉

食材

A

- 羽衣甘蓝 100g
- 熟碧根果仁 10g
- 草莓 3 颗
- 三色藜麦 10g
- 牛油果 1/2 个
- 火麻仁籽适量

B

- 牛油果油 15mL
- 枫糖浆 15mL
- 果醋 5mL
- 黑胡椒适量

做法

1. 将三色藜麦洗净后蒸熟，约15分钟。
2. 草莓洗净，沥干后切成小片。
3. 羽衣甘蓝洗净，揉搓使其变软，掰成小片。
4. 牛油果对半切开，去核、去皮，切成片。
5. 将食材B混合，搅拌均匀，制成油醋汁。
6. 将处理好的食材摆盘，撒熟碧根果仁和火麻仁籽，淋入油醋汁。

🧂小贴士

油醋汁可以多制作一些，放入密封玻璃罐，放冰箱冷藏。

年味渐浓
自然想做些喜庆的食物
羽衣甘蓝的绿与草莓的红
喜庆也应景

冬日蔬果热沙拉佐开心果泥

食材

A

- 生开心果 100g
- 生腰果 10g
- 枫糖浆 10mL
- 植物奶 50mL
- 橄榄油 15mL

C

- 胡萝卜 50g
- 椰子油 15mL
- 盐 1g

B

- 黑豆 20g
- 全植奶酪
  （见P19）10g

D

- 青皮萝卜 1/2 个
- 羽衣甘蓝 20g
- 桑葚 5 颗
- 西柚 1/2 个
- 杏仁 4~5 颗
- 奇亚籽少许

做法

1. 用食材A制作开心果泥。生腰果和生开心果浸泡1小时，洗净后沥干。与枫糖浆、植物奶和橄榄油一起放入料理机打成泥。

2. 黑豆浸泡1小时后用高压锅煮熟，拌入全植奶酪。

3. 胡萝卜切大小长短一样的形状，加椰子油和盐，烤箱15~30分钟，也可用平底锅煎熟。

4. 青皮萝卜洗净、切条，西柚去皮、切片。将所有食材组合装盘即可。

冬日时蔬素咖喱

食材

- 白萝卜 150g
- 胡萝卜 100g
- 菜花 50g
- 红小扁豆 50g
- 香菇 3~4 个
- 花生酱 10g
- 素咖喱 1 块
- 蒜 2 瓣
- 姜 2 片
- 植物油 15mL
- 香菜叶适量
- 菌菇高汤（见 P17）500mL

做法

1. 将所有蔬菜洗净，白萝卜和胡萝卜切块，菜花掰成小块。

2. 红小扁豆用清水泡10分钟，冲洗干净后沥干。

3. 深锅中放植物油，加入姜和蒜爆香，放入胡萝卜、白萝卜、香菇炒香，加入菌菇高汤、红小扁豆煮15~20分钟。根茎类蔬菜煮熟、红小扁豆煮烂后加入菜花再煮5分钟。

4. 放入素咖喱块和花生酱，小火煮5分钟，注意搅拌，以免咖喱块粘锅。

5. 出锅后撒入香菜叶。

🧂 小贴士

素咖喱含盐分，可根据个人口味适量添加盐。

胡萝卜小扁豆炖菜

食材

- 红小扁豆 25g
- 胡萝卜 150g
- 洋葱 10g
- 小土豆 10g
- 卡宴辣椒粉 1g
- 肉桂粉 1g

- 营养酵母粉 5g
- 椰浆 10mL
- 海带高汤（见 P17）400mL
- 橄榄油 15mL
- 葱花适量
- 盐适量

做法

1. 红小扁豆放清水中浸泡10分钟，洗净。
2. 胡萝卜洗净、去皮，切成小圆片。
3. 洋葱切成末，小土豆去皮，切成小块。
4. 深汤锅中放橄榄油，放入洋葱末爆香，加入红小扁豆、胡萝卜、土豆炒香，倒入海带高汤，小火炖20分钟左右。
5. 加入卡宴辣椒粉、肉桂粉、营养酵母粉和盐再炖5分钟，出锅前淋椰浆，撒葱花。

橙色的食物
像拥有太阳的颜色
冬日时
总是给人带来温暖的好心情
用橙色胡萝卜和小扁豆来做炖菜
富含植物蛋白和维生素

烤胡萝卜
佐牛油果奶油酱汁

食材

A

- 小胡萝卜 6~7 个
- 橄榄油少许
- 熟松仁 4g
- 南瓜子 3.5g

B

- 牛油果 1/2 个
- 全植奶酪（见 P19）15g
- 植物奶 30mL

做法

1. 小胡萝卜洗净，喷些橄榄油，放入烤箱，150℃烤15~20分钟。

2. 将食材B全部放入料理机搅匀，做成牛油果奶油酱汁。

3. 将酱汁淋在烤好的小胡萝卜上，撒些松仁和南瓜子即可。

心里美萝卜
三色藜麦碗

食材

A

- 心里美萝卜 1/2 个
- 三色藜麦 50g
- 豆干 50g
- 腰果 20g
- 苦菊 30g

- 无花果 1 个
- 鹰嘴豆 10g
- 火麻仁籽 3g
- 奇亚籽少许

B

- 姜油 15mL
- 苹果醋 15mL
- 花生酱 15g

- 盐 1g
- 黑胡椒 1g

做法

1. 心里美萝卜洗净、去皮，用刮皮刀削成薄长条。
2. 鹰嘴豆浸泡4小时，三色藜麦浸泡10分钟，上蒸锅蒸熟，藜麦蒸15～20分钟，鹰嘴豆约30分钟。
3. 平底锅加热，把豆干和腰果烤熟，约10分钟。
4. 苦菊洗净，沥干。无花果切成小块。
5. 将食材B全部搅拌均匀，做成生姜花生油醋汁。
6. 将食材A组合装盘，淋上生姜花生油醋汁。

小贴士

冬季的各类萝卜中，心里美是最甜的，最适合生吃入菜，热量很低，还有不错的饱腹感，也很适合当作开胃前菜。

初冬的早晨在野外步行
有浓雾和刺骨的冷风
返回屋内
厨房便是最温暖的地方
心里美爽口沁甜
炖汤好
切薄片拌入沙拉也美味

烤松仁西蓝薹

食材

- 西蓝薹 200g
- 橄榄油 15mL
- 松仁 5g

做法

1. 西蓝薹洗净，沥干。
2. 将橄榄油均匀地刷在西蓝薹上。
3. 烤盘中刷油，把松仁、西蓝薹放入烤盘，150℃烤8~10分钟。

比芥蓝更脆嫩
比西蓝花更营养
西蓝薹无须过多的调料
刷植物油烤一烤
就有天然好味道

时蔬什锦泡菜碗

食材

A

- 泡发木耳 5g
- 金针菇 10g
- 青萝卜 1 个
- 红萝卜 1 个
- 藕 2 片

- 扁豆 20g
- 胡萝卜 30g
- 白豆干 20g
- 黄豆芽 10g

B

- 辣白菜 20g
- 韩式辣酱 15g
- 植物油 15mL

- 古法酱油 10mL
- 盐 1g
- 姜末 1g

做法

1. 藕去皮，可放入清水防止变色；白豆干切块。

2. 金针菇、黄豆芽去根、洗净，切5cm长的小段。

3. 青、红萝卜切圆片，胡萝卜切片，尽量切薄点，容易煮熟。

4. 扁豆去头尾，洗净。

5. 先把韩式辣酱、植物油、古法酱油、盐和姜末调匀，汤锅中倒入 500mL清水，把调匀的调味酱和辣白菜放入锅中，煮开后把食材 A全部加入汤中，煮约15分钟。

适合年末假期小聚的料理
加入发酵到刚刚好的辣白菜
把属于冬日的时蔬放在一起煮
辣和酸的口感
完美平衡

红腰豆豆腐排蔬菜碗

食材

A

- 红腰豆 50g
- 老豆腐 100g
- 鹰嘴豆粉 50g
- 孜然粉 5g
- 辣椒粉 5g
- 盐 1g
- 橄榄油 15mL

B

- 苦菊 20g
- 紫甘蓝 10g
- 蓝莓 6～8 颗
- 葡萄干少许
- 核桃 5g
- 杏仁少许
- 基础油醋汁（见 P18）15mL

做法

1. 红腰豆放入电饭锅中煮熟；老豆腐沥干，与食材A中除橄榄油外的其他食材调匀，制成大小相同的豆腐排。
2. 平底锅烧热后刷一层油，放入豆腐排煎至两面焦黄。
3. 将苦菊、紫甘蓝、核桃、葡萄干、蓝莓和杏仁混合，淋入基础油醋汁，制成沙拉。
4. 将豆腐排和沙拉组合装盘。

芋头片佐牛油果泥

食材

A

- 鲜芋头 100g
- 海盐适量
- 植物油 100mL
- 南瓜子适量

B

- 牛油果 1/2 个
- 全植奶酪（见 P19）30g
- 橄榄油 15mL
- 枫糖浆 15mL

做法

1. 鲜芋头洗净、去皮，切成薄片。
2. 锅中放植物油烧热，把芋头片小火炸熟，放在吸油纸上吸油。
3. 牛油果去皮、去核，与橄榄油、枫糖浆、全植奶酪一起用料理棒打成泥。
4. 将牛油果泥放在芋头片上，放南瓜子装饰。

🧂 小贴士

1. 处理新鲜芋头时建议戴手套。
2. 芋头片尽量切薄，更容易炸熟。喜欢口感更脆的，炸制时间可以延长一点。

雪天午后
泡一壶茶
用冬日芋头做茶食
芋头薄片
直接吃也很香脆
做些牛油果泥蘸着吃
就着茶一口一片

烤冬笋豌豆
素奶油酱通心面

食材

A

- 新鲜冬笋 200g
- 山茶油 15mL
- 孜然粉 5g
- 辣椒粉 5g
- 盐 5g

B

- 新鲜豌豆 100g
- 腰果 10g
- 营养酵母粉 5g
- 盐 1g
- 橄榄油 10mL
- 芥末酱 5g
- 植物奶 50mL

C

- 开心果 8 颗
- 新鲜豌豆 10g
- 紫甘蓝少许
- 碧根果碎少许
- 香菜 1 根
- 通心面 50g
- 菌菇高汤（见 P17）100mL

做法

1. 用食材A制作山茶油烤冬笋。新鲜冬笋去皮，切薄片，焯水去除涩味后沥干。平底锅刷一层山茶油，用中火将冬笋两面烤熟。孜然粉、辣椒粉、盐搅拌均匀，撒在冬笋上。

2. 用食材B制作豌豆素奶油酱。新鲜豌豆放清水中煮熟，沥干。与食材B中的其他食材一起搅拌成酱。如果太干，可再加一点清水或植物奶。

3. 将食材C中的紫甘蓝洗净后切细丝，豌豆放清水煮熟，通心面煮熟。

4. 平底锅放少许油，加入碧根果碎，通心面、豌豆素奶油酱、菌菇高汤，煮至收汁后装盘。

5. 放入烤冬笋，紫甘蓝丝，撒开心果，用香菜装饰。

🧂小贴士

冬笋一定要选嫩一些的，烤制前要焯水去除涩味。切薄片更容易入味和烤熟。

友人寄来山茶油及鲜冬笋
冬笋是山野的馈赠
无论用何种烹调方式都好吃
山茶油香味独特
用来烤冬笋
相得益彰

鹰嘴豆冬笋意面佐东方红椒酱汁

食材

A

- 冬笋 300g
- 醋 100mL
- 纯净水 100mL
- 盐 5g
- 椰子花糖 15g
- 花椒 5g

B

- 大红椒 100g
- 橄榄油 15mL
- 古法酱油 15mL
- 洋葱 10g
- 盐 1g
- 纯净水 100mL

C

- 鹰嘴豆 10g
- 全麦意面 50g

做法

1. 用食材A制作冬笋泡菜。冬笋去皮，切5cm长的条，焯熟后加盐，静置半小时自然放凉。

2. 将冬笋装入密封玻璃罐，要留出3/4的空间，以利于发酵。

3. 将醋、纯净水、椰子花糖、花椒搅拌均匀，倒入玻璃罐中。

4. 用干净的布或保鲜膜将罐口封住，盖上盖子。冬天静置5~7天，发酵出满意的酸味。

5. 用食材B制作东方红椒酱汁。大红椒洗净后切小块，洋葱切末。

6. 炒锅中放橄榄油，加洋葱末爆香，加入大红椒、盐、古法酱油，炒香炒熟后放入料理机，加水打成酱汁。

7. 鹰嘴豆用清水浸泡4~8小时，蒸或煮熟。

8. 全麦意面放入沸水中煮熟。

9. 锅里放少许油，加入全麦意面、鹰嘴豆、东方红椒酱汁和冬笋泡菜，炒匀、收汁。

小贴士

1. 冬笋泡菜放入冰箱冷藏，缓慢发酵。

2. 大红椒可选择有些辣的，不喜欢辣的可选择甜椒。

3. 煮好的意面如果暂时不食用，可以加些橄榄油拌匀，防粘黏。

南方的冬日
难得有晴朗的□□
午间有阳光□□
带着点心□见友人
一起煮□说话
煮简单的植物料理午餐
有食物和心灵的深度滋养
亦是美好一日

鹰嘴豆全植白酱意面

食材

A

- 鹰嘴豆 20g
- 橄榄油 5mL
- 海盐少许

B

- 全麦意面 50g
- 松仁少许
- 全植白酱（见 P19）50g
- 薄荷叶 2 片
- 柠檬片 1 片

做法

1. 鹰嘴豆浸泡后洗净，沥干，与橄榄油和海盐拌匀，放入烤箱，150℃烤10分钟。
2. 将全麦意面煮熟。
3. 平底锅放油，放入松仁炸香，放入意面和全植白酱翻炒均匀。
4. 出锅后放入鹰嘴豆。用薄荷叶和柠檬片装饰。

姜黄全植饼

食材

- 低筋面粉 200g
- 甜菜糖 20g
- 香草精 2 滴
- 盐少许
- 椰奶 250mL
- 姜黄粉 1g
- 橄榄油 30mL
- 羽衣甘蓝 30g
- 草莓 2～3 颗
- 牛油果 1/2 颗
- 全植奶酪（见 P19）15g

做法

1. 将低筋面粉、甜菜糖、香草精、盐、椰奶、姜黄粉放入玻璃碗中，搅拌成比较稀的面糊。
2. 不粘平底锅刷一层油，将面糊摊成大小相同的圆饼。
3. 羽衣甘蓝洗净，甩干水；草莓洗净后切块；牛油果去皮、去核、切块。
4. 饼上涂抹一层全植奶酪，把羽衣甘蓝、草莓、牛油果铺在上面。

菌菇全植饺子
佐西蓝花泥

食材

A

- 香菇 100g
- 口蘑 100g
- 芹菜 50g
- 盐 1g

- 古法酱油 10mL
- 植物油 15mL
- 昆布粉 1g
- 饺子皮 20 张

B

- 西蓝花 100g
- 红萝卜 1/3 个
- 洋葱 1/4 个
- 小土豆 1 个

- 蒜 1 瓣
- 盐 1g
- 橄榄油 10mL
- 蔬菜高汤（见 P17）200mL

做法

1. 用食材A制作菌菇饺子。香菇和口蘑洗净，沥干，和芹菜一起切碎。
2. 炒锅放少许油，将香菇和口蘑炒熟。
3. 将炒熟的蘑菇、芹菜、古法酱油、昆布粉、盐搅拌均匀。
4. 用饺子皮包入馅料，包成喜欢的形状，放入蒸锅蒸10～15分钟。
5. 用食材B制作西蓝花泥。炒锅里放油，将西蓝花、红萝卜、洋葱、土豆、蒜加盐翻炒香，再加入高汤，用料理棒打成泥。
6. 盘子里先放入西蓝花泥，把蒸好的饺子依次摆入盘中。

🧂 小贴士

饺子可以多做一些，放冰箱冷藏。对于全植物饮食践行者来说，它是营养丰富的主食，当早餐更方便。

冬至节气
和家人一起包饺子
是一种仪式感
构成了冬天里最美好的回忆
食物是大自然的馈赠
应时而食
是感知自然的一种信仰

圆白菜糙米卷

食材

- 圆白菜 8 片
- 胡萝卜 1/2 根
- 糙米 50g
- 荷兰豆 15g
- 苹果 1/2 个
- 紫甘蓝 10g
- 全植沙拉酱（见 P18）15g

做法

1. 圆白菜和荷兰豆洗净，放入沸水中焯熟。
2. 胡萝卜和苹果去皮，切成5cm长的条。
3. 紫甘蓝洗净，沥干，切成细丝。
4. 糙米放入电饭锅煮熟。
5. 圆白菜铺平，依次放入处理好的食材，仔细卷起来。
6. 食用时搭配全植沙拉酱。

小贴士

圆白菜去除较硬的部分，每一片完整地剥下来。焯熟后过凉水更好。可以用厨房纸吸干多余水。

圆白菜长得很好看
烹饪起来更是不复杂
煮一煮
香味浓郁
无尽的香甜
是性格豪爽的蔬菜范

185

紫玉萝卜天贝牛油果拌饭

食材

A
- 鲁特天贝 50g
- 椰子油 15mL
- 古法酱油 15mL

B
- 黑豆 200g
- 古法陈醋 500mL
- 米醋 50mL
- 椰子花糖 110g

C
- 儿菜 100g
- 生抽 15mL
- 素蚝油 30mL
- 老抽 15mL
- 味醂 15mL
- 枫糖浆 30mL
- 清水 100mL

D
- 牛油果 1/2 个
- 紫玉萝卜 20g
- 苦菊 10g
- 藜麦 30g
- 糙米 50g
- 豆芽菜 10g

做法

1. 将食材A中的鲁特天贝切片，加入古法酱油腌渍15分钟。平底锅刷一层油，中火将天贝煎至两面焦脆。

2. 用食材B制作醋泡黑豆。先把黑豆用清水洗净，放入蒸锅蒸25~30分钟，蒸熟。

3. 把古法陈醋、米醋、椰子花糖用小锅加热，不停搅拌以免粘锅。煮沸后继续加热1分钟。关火，放凉。

4. 将蒸熟的黑豆放入平底锅中小火炒香，炒至黑豆表皮裂开，容易捏碎的状态。

5. 将黑豆放入玻璃罐中，倒入煮好的醋。放冰箱冷藏，腌渍约7天。

6. 用食材C制作烤儿菜。将所有调料和清水放入小碗中调匀，放入儿菜腌渍半小时。将儿菜放入烤盘，烤箱180℃烤10~15分钟。

7. 用食材D制作牛油果拌饭。牛油果去皮、去核，切成薄片。

8. 紫玉萝卜洗净后切成5cm长的段。苦菊用纯净水洗净，沥干。

9. 糙米洗净后浸泡4~8小时，藜麦浸泡15分钟，将藜麦和糙米一起煮熟。

10. 将所有制作好的食材组合装盘即可。

🧂 小贴士

1. 醋泡黑豆可以多做一些，日常可搭配面、粥等食用。
2. 牛油果是这个拌饭的"灵魂"，还可以在牛油果上淋酱油，也很美味。
3. 蔬菜可根据自己的喜好搭配。

紫玉萝卜含有非常丰富的花青素
好奇它的味道
一尝，又脆又甜
真是令人惊喜
搭配在全植物餐盘中
生吃就能保证它最好的营养

187

炸儿菜青豆饭团全植碗

食材

A
- 青豆 10g
- 糙米 100g
- 盐 5g
- 寿司醋 15mL
- 香油 10mL

B
- 椰子油 15mL
- 香菇 1~2 朵
- 有机酱油 5mL

C
- 儿菜 200g
- 有机酱油 15mL
- 蒜末 5g
- 糖浆 5mL
- 胡椒粉少许
- 全麦面粉 30g
- 面包糠 30g
- 植物油 200mL

D
- 胡萝卜 20g
- 小白菜 1 棵
- 香油 10mL
- 盐少许
- 香醋 5mL

E
- 牛油果 1/4 个
- 猕猴桃 1/4 个

做法

1. 用食材A制作青豆糙米饭团。将糙米洗净，浸泡4~8小时，煮熟。
2. 青豆加水煮熟，放入糙米饭中，加入盐、寿司醋、香油，搅拌均匀。捏成圆形饭团。
3. 用食材B制作椰子油煎香菇。将香菇用有机酱油腌渍10分钟。
4. 平底锅刷一层椰子油，将香菇两面煎熟。
5. 用食材C制作炸儿菜。选取儿菜最嫩的部分，加入有机酱油、蒜末、糖浆、胡椒粉，腌渍10分钟。依次裹全麦面粉和面包糠，下油锅炸至焦黄。
6. 用食材D制作香油拌胡萝卜小白菜。胡萝卜切块，和小白菜一起焯熟。将香油、盐、香醋在小碗中混合均匀。
7. 牛油果、猕猴桃切小块。将所有食材组合装盘即可。

🧂小贴士

碗中组合的蔬菜水果可根据喜好自行搭配。

冬日的儿菜
长得有趣又奇特
口感清香，微苦脆嫩
清炒、煮汤、烘烤皆可
无须太多调料
亦有原汁原味的鲜嫩美味

冬日植物奶

姜黄奶

食材

- 生腰果 20g
- 杏仁 10g
- 椰枣 2 颗
- 姜黄粉少许
- 纯净水 250mL

做法

1. 生腰果和杏仁用热水浸泡15～20分钟，洗净，沥干。
2. 将泡好的腰果、杏仁、椰枣和水放入破壁机制成植物奶，用纱布或滤网过滤，撒姜黄粉。

🧂 小贴士

1. 可以增减用水量，调整口味浓淡。
2. 如需加糖一定不要放精制糖，用天然糖替代。
3. 过滤的渣不要丢掉，可以用来做饼。
4. 一次可以多做一些，用密封玻璃罐存储。

南方冬天天气潮湿阴冷
从屋外进来
喝上一杯温暖的植物奶
全身暖透

肉桂火麻仁燕麦奶

食材

- 火麻仁籽 10g
- 燕麦 20g
- 热水 250mL
- 椰枣 2 颗
- 肉桂粉适量

做法

1. 将除肉桂粉外的所有食材放入破壁机，搅打均匀。
2. 撒上少许肉桂粉即可。

腰果南瓜子奶

食材

- 生腰果 20g
- 生南瓜子 10g
- 椰枣 2 颗
- 纯净水 250ml

做法

1. 生腰果用热水浸泡15～20分钟，洗净后沥干。
2. 将腰果、南瓜子、椰枣和水放入破壁机，搅打成腰果南瓜子奶，用纱布或滤网过滤。

图书在版编目（CIP）数据

全植物纯素食四季疗愈/恩槿著. —北京：中国
轻工业出版社，2024.11
ISBN 978-7-5184-4092-4

Ⅰ.①全…　Ⅱ.①恩…　Ⅲ.①素菜—菜谱　Ⅳ.
①TS972.123

中国版本图书馆CIP数据核字（2022）第145552号

责任编辑：胡　佳　　　　责任终审：李建华
整体设计：锋尚设计　　责任校对：朱燕春　　　责任监印：张京华

出版发行：中国轻工业出版社（北京鲁谷东街 5 号，邮编：100040）
印　　刷：北京博海升彩色印刷有限公司
经　　销：各地新华书店
版　　次：2024年11月第1版第4次印刷
开　　本：710×1000　1/16　印张：12
字　　数：150千字
书　　号：ISBN 978-7-5184-4092-4　定价：59.80元
邮购电话：010-85119873
发行电话：010-85119832　010-85119912
网　　址：http://www.chlip.com.cn
Email：club@chlip.com.cn